Maria Carolina Talio

DETERMINACIÓN DE MANGANESO EN VINOS ARGENTINOS

Maria Carolina Talio

DETERMINACIÓN DE MANGANESO EN VINOS ARGENTINOS

Determinación de Mn(II) en muestras de vinos empleando nanopartículas de plata y fluorescencia en fase sólida

Editorial Académica Española

Imprint
Any brand names and product names mentioned in this book are subject to trademark, brand or patent protection and are trademarks or registered trademarks of their respective holders. The use of brand names, product names, common names, trade names, product descriptions etc. even without a particular marking in this work is in no way to be construed to mean that such names may be regarded as unrestricted in respect of trademark and brand protection legislation and could thus be used by anyone.

Cover image: www.ingimage.com

Publisher:
Editorial Académica Española
is a trademark of
Dodo Books Indian Ocean Ltd. and OmniScriptum S.R.L publishing group

120 High Road, East Finchley, London, N2 9ED, United Kingdom
Str. Armeneasca 28/1, office 1, Chisinau MD-2012, Republic of Moldova, Europe
Printed at: see last page
ISBN: 978-613-9-43654-5

DETERMINACION DE MANGANESO EN VINOS ARGENTINOS

Vargas, Ignacio. A. [b]; Torres Deluigi, M. R [a, d]; Fernández, Liliana. P. [a,b]; Acosta, Mariano [a,c]; Talio, M. Carolina. [a,c*].

[a] Instituto de Química de San Luis (INQUISAL-CONICET),
[b] Área de Química Analítica,
[c] Área de Química General e Inorgánica,
[d] LABMEM, Facultad de Química, Bioquímica y Farmacia,
Universidad Nacional de San Luis, San Luis, Argentina
Ejercito de los Andes 950, 5700 San Luis, Argentina

*Autora Responsable: mctalio@unsl.edu.ar; mcarolinatalio@gmail.com

Agradecimientos

Los autores agradecen al Instituto de Química San Luis - Consejo Nacional de Investigaciones Científicas y Tecnológicas (INQUISAL CONICET, Proyecto 11220130100605CO) y a la Universidad Nacional de San Luis (Proyecto PROICO 02-1120), Argentina, por el apoyo financiero.

ÍNDICE

Capítulo 1

Introducción

Capítulo 1: Introducción

1.1. Nanopartículas

Uno de los anhelos ancestrales de la ciencia es la manipulación de los componentes de la naturaleza a voluntad. Actualmente, la nanotecnología parece haber alcanzado este antiguo anhelo, al menos en ciertos aspectos.

La manipulación de estructuras a escala nanométrica implica manejar una infinidad de variables cuidadosamente para poder obtener un sinfín de estructuras con las características deseadas y múltiples aplicaciones.

La Unión Internacional de Química Pura y Aplicada (IUPAC, por sus siglas en inglés de *International Union of Pure and Applied Chemistry*) define como estructuras nanométricas aquellas que tienen al menos una dimensión en la escala nanométrica, es decir, entre 1 y 100 nanómetros (nm) (Figura 1).

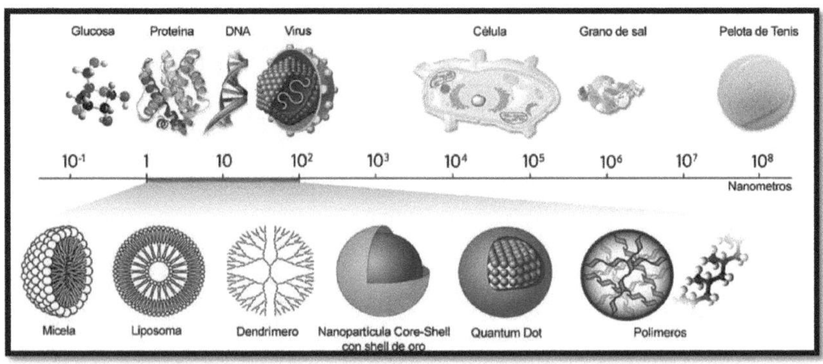

Figura 1: Dimensiones de las estructuras nanométricas. Extraída de https://www.wichlab.com/nanometer-scale-comparison-nanoparticle-size-comparison-nanotechnology-chart-ruler-2/

Las nanoestructuras tienen múltiples aplicaciones (Figura 2 y Figura 3), las cuales dependen estrechamente de sus estructuras:

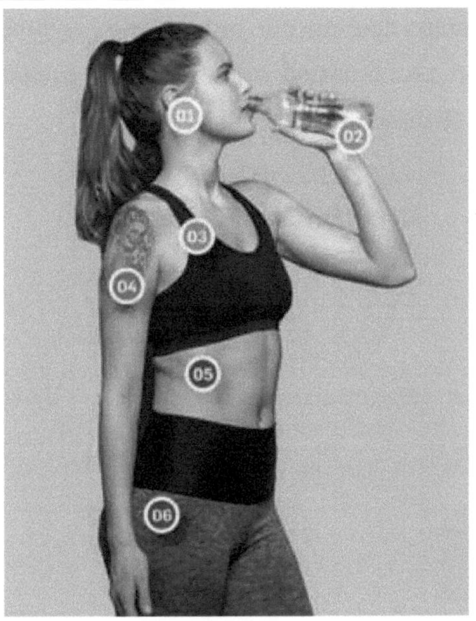

Figura 2: Aplicaciones de las nanoestructuras. Extraída de https://iupac.org/wp-content/uploads/2022/03/Sensing_Materials.jpg

1) Las nanopartículas de TiO_2, en los protectores solares bloquean los peligrosos rayos UVB y UVA.

2) Las nanoláminas de SiO_2 en botellas de PET actúan como barrera contra el oxígeno.

3) Los nanomateriales podrían acumularse en los alvéolos pulmonares y pueden ser aprovechados para un tratamiento específico, o pueden ser dañinos.

4) Las tintas para tatuajes negras y azules, compuestas casi en su totalidad por nanopartículas puras se inyectan en la dermis.

5) En nanomedicina, se pueden diseñar portadores de fármacos de tamaño nanométrico para que se dirijan selectivamente a las células.

6) Nanopartículas de plata con propiedades antimicrobianas, SiO_2 y TiO_2 con propiedades repelentes de suciedad y agua se utilizan en textiles.

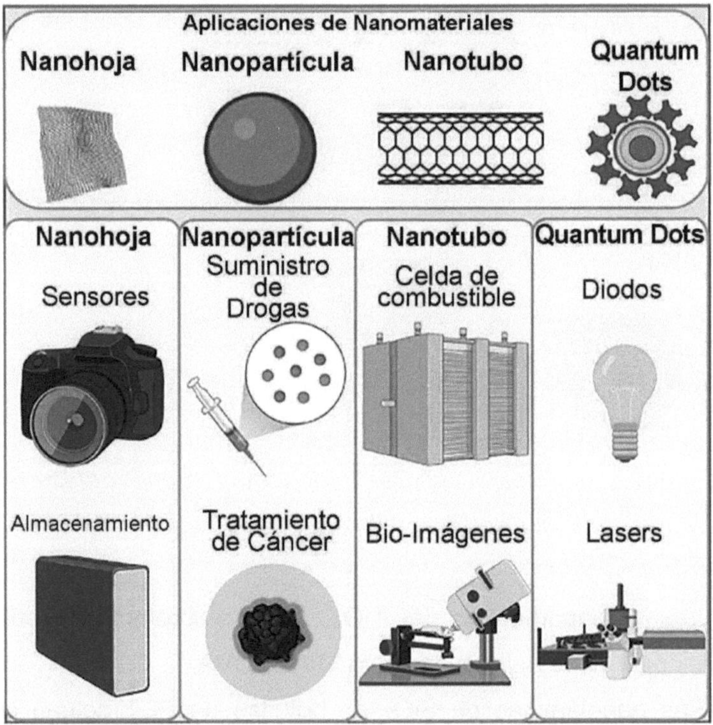

Figura 3: Aplicaciones de nanomateriales. Extraída de Huston, DeBella, DiBella, & Gupta, 2011

En las últimas décadas, la nanotecnología ha llevado al desarrollo de diferentes nanomateriales, incluyendo nanopartículas de plata (Ag-NPs, por sus siglas en inglés de *Ag Nanoparticles*), óxidos metálicos y otros, que son extremadamente sensibles a cambios en su entorno químico. Esto permite su aplicación en análisis químico y otras áreas importantes de la química (Sun & Xia, 2002).

Particularmente, las nanopartículas de plata constituyen una nanoestructura con propiedades ópticas, eléctricas y biológicas notablemente atractivas e interesantes que les brindan diversas aplicaciones en medicina como tratamiento antimicrobiano, agentes antitumorales, uso en odontología, promoción de la cicatrización de heridas, curación ósea y en implantes cardiovasculares (Almatroudi, 2020; Mikhailov & Mikhailova, 2019; Pozo Pérez, 2010).

Las nanopartículas de plata pueden desarrollarse por diversos métodos. Una de las formas de clasificar los métodos de síntesis de nanopartículas utiliza el punto de partida de la síntesis (Figura 4). Mediante el uso de estas técnicas, no solo pueden sintetizarse nanopartículas puras, sino también nanopartículas híbridas o recubiertas. Así, todas estas técnicas se dividen esencialmente en:

- Procesos "Top down": que van disminuyendo el tamaño del material "bulk" inicial hasta llegar a dimensiones nanométricas. Estos procesos utilizan métodos de microfabricación en los que se usan herramientas controladas externamente para cortar, fresar y dar forma a los materiales en la forma y el orden deseados, como las técnicas litográficas, el procesamiento con rayos láser y las técnicas mecánicas.

- Procesos "Bottom up": que buscan sintetizar NPs desde sus precursores químicos y que las mismas vayan "creciendo" hasta alcanzar las dimensiones mencionadas. Estos procesos explotan las propiedades químicas de las moléculas para hacer que se autoensamblen en alguna conformación útil, siendo los más comunes la síntesis química, la deposición de vapor químico, el autoensamblaje, la agregación coloidal, la deposición y el crecimiento de películas, entre otros.

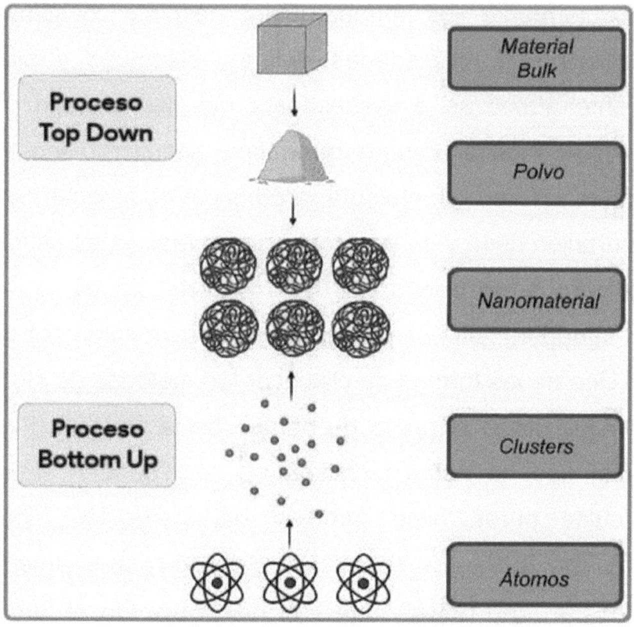

Figura 4: Características de los procesos de síntesis de nanomateriales. Extraída y modificada de Huston, DeBella, DiBella, & Gupta, 2011

Por otro lado, la síntesis de nanopartículas de plata generalmente requiere al menos tres componentes clave: un precursor metálico (como una sal soluble de plata), un agente reductor (como el borohidruro de sodio) y un agente estabilizante (como ligandos, polímeros o surfactantes) (He, Tan, Liew, & Liu, 2004). El delicado balance entre los diferentes componentes y condiciones de reacción desempeña un rol fundamental en el control del tamaño, la forma y la estabilidad de las Ag-NPs resultantes.

Se han revisado diferentes estudios que proporcionan valiosos conocimientos sobre los factores clave que influyen en las propiedades de las Ag-NPs, lo que puede ser útil para el desarrollo de aplicaciones avanzadas de estos nanomateriales:

- Efecto del solvente y los aditivos en el tamaño de las Ag-NPs: Se ha utilizado nitrato de plata como precursor y se investigó cómo el volumen de agua en la solución precursora afecta el tamaño y la morfología de las Ag-NPs. Cuando el volumen de agua fue menor al 3%, se obtuvieron Ag-NPs de pequeño tamaño. Sin embargo, al aumentar el porcentaje de agua al 50%, el diámetro de estas creció hasta 11,5 nm, adoptando forma de varillas. Además, se encontró que la adición de NaOH en metanol disminuyó el tamaño de las Ag-NPs a un valor óptimo, mientras que el HCl en metanol lo redujo hasta cierta cantidad óptima, y cantidades superiores de HCl provocaron un rápido aumento del tamaño (He, Tan, Liew, & Liu, 2004).

- Efecto del agente reductor y la irradiación por microondas: Se ha analizado también el impacto del agente reductor y la irradiación por microondas sobre el tamaño y la distribución de las Ag-NPs. Se encontró que la polivinilpirrolidona (PVP) es un mejor estabilizador que la β-ciclodextrina (β-CD) para evitar la agregación de partículas pequeñas cuando se usa la misma concentración del precursor y se aplica irradiación por microondas. Este método produjo Ag-NPs más pequeñas y con una distribución más homogénea en comparación con el calentamiento convencional (He, Tan, Liew, & Liu, 2004).

- Efecto de los surfactantes en la cinética y el tamaño de las Ag-NPs: Se ha analizado la cinética del sistema redox nitrato de plata-ácido ascórbico en presencia de tres surfactantes (catiónico, aniónico y no iónico). Se encontró que la formación de un sol de plata transparente y estable, así como el tamaño de las partículas, dependen de la naturaleza del grupo principal de los surfactantes. Las Ag-NPs obtenidas con dodecilsulfato de sodio (SDS, por sus siglas en inglés de *Sodium Dodecyl Sulfate*) y bromuro de hexadeciltrimetilamonio (HTAB, por sus siglas en inglés de *Hexadecyltrimethylammonium Bromide*) fueron esféricas y de tamaño de partícula uniforme, con un tamaño promedio de aproximadamente 10 y 50 nm, respectivamente. La reacción siguió una cinética de orden fraccionario con respecto a la concentración de ácido ascórbico en presencia de HTAB, lo que sugiere una relación entre el efecto de carga de las micelas y el orden y las molecularidades de la reacción (AL-Thabaiti, Al-Nowaiser, Obaid, Al-Youbi, & Khan, 2008).

- <u>Efecto de los surfactantes en la estabilidad de las Ag-NPs</u>: Se han sintetizado Ag-NPs mediante ablación láser de una placa de plata metálica en soluciones acuosas de diferentes surfactantes. Se observó que la abundancia de Ag-NPs antes y después de la centrifugación varía en función de la concentración de surfactante. Esto sugiere que la cobertura del surfactante y el estado de carga en la superficie de las nanopartículas están estrechamente relacionados con su estabilidad. Las Ag-NPs tienden a agregarse cuando la cobertura es menor a la unidad, mientras que son muy estables cuando la superficie está cubierta con una doble capa de moléculas de surfactante (Mafuné, Kohno, Takeda, & Kondow, 2000).

- <u>Aplicación de Ag-NPs derivatizadas como nanosensores</u>: Se han sintetizado Ag-NPs recubiertas con EDTA mediante reducción con citrato. Inicialmente, se disolvió nitrato de plata en agua ultrapura y se calentó hasta la ebullición bajo agitación magnética enérgica. A continuación, se añadió rápidamente al matraz una solución de citrato de sodio, lo que dio lugar a la formación de nanopartículas de plata, indicada por un cambio de color a amarillo. Se siguió hirviendo la solución y, tras enfriarse, las nanopartículas de plata se transfirieron a otro matraz, donde se añadieron EDTA e hidróxido de sodio para estabilizarlas, lo que provocó un cambio de color a violeta. A continuación, las nanopartículas se separaron del exceso de reactivos mediante un proceso de floculación y se purificaron para obtener nanopartículas monodispersas en una solución transparente. Esta metodología ultrasensible utiliza las Ag-NPs derivatizadas como sensor para la determinación de nitrato, proporcionando una forma sensible y selectiva para su cuantificación, con aplicaciones en soluciones parenterales (Wang, Luconi, Masi, & Fernández, 2009).

- <u>Estabilización a largo plazo de dispersiones concentradas de Ag-NPs</u>: Se han preparado dispersiones acuosas concentradas y estables de Ag-NPs de distribución de tamaño estrecha mediante la reducción de soluciones de nitrato de plata con ácido ascórbico en presencia de *Daxad® 19* como agente estabilizador, el cual tiene una excelente capacidad para evitar la agregación de plata de tamaño nanométrico con alta fuerza iónica y concentración de metal (hasta 0,3 mol L^{-1}). La presencia de este agente dispersante en la superficie de las Ag-NPs explica la carga negativa y el efecto electrostérico responsable de su estabilidad a largo plazo. Otros factores, como el pH, la concentración del agente estabilizador y la relación metal/dispersante, también afectan el tamaño y la estabilidad de estas dispersiones. La plata nanométrica final puede obtenerse como polvo seco y redispersarse completamente en agua desionizada mediante sonicación (Sondi, Goia, & Matijevic, 2003).

Entre los diversos métodos de reducción de plata, la síntesis sonoquímica emerge como un método novedoso, simple y con un tamaño controlable, que posee un alto valor práctico, sin requerir instalaciones complicadas, ofreciendo varias ventajas desde la perspectiva de la química verde. En un proceso sonoquímico, el colapso de las burbujas generadas por las ondas ultrasónicas genera una alta densidad de energía. Esta energía liberada desencadena la formación de radicales reductores que, en consecuencia, reducen los iones de plata, permitiendo la formación de nanoestructuras porosas, con alta dispersión y sin formar grandes agregados (Talebi, Halladj, & Askari, 2010).

1.2. Contaminantes emergentes

La contaminación de suelos y aguas es un tema de amplia relevancia global debido a los peligros que implica tanto para la salud humana como para el medio ambiente. Dentro de los contaminantes que se encuentran, destacan los contaminantes emergentes (CE), cuya creciente presencia en aguas y suelos produce efectos de gran riesgo toxicológico, ya que algunos de ellos poseen propiedades carcinogénicas, mutagénicas y embriogénicas.

Los CE son aquellas sustancias previamente desconocidas o no reconocidas, cuya presencia en el medio ambiente no es necesariamente nueva, pero sí la preocupación por las posibles consecuencias de esta. Pueden definirse como compuestos que actualmente no están cubiertos por las reglamentaciones existentes sobre la calidad del agua, no se han estudiado antes y se cree que son amenazas potenciales para los ecosistemas ambientales, la salud y la seguridad humana (Farré, Pérez, Kantiani, & Barceló, 2008). Los CE están entre las líneas prioritarias de investigación de los organismos dedicados a la protección de la salud pública y medioambiental.

Una característica destacada de estos compuestos es que, debido a su elevada producción y/o consumo, y a su continua incorporación en el medio ambiente, no necesitan ser persistentes para ocasionar efectos negativos. Sin embargo, una de las principales limitaciones en el análisis de los CE sigue siendo la falta de métodos para su cuantificación en bajas concentraciones.

1.3. Manganeso y su importancia en los sistemas biológicos

El manganeso, un elemento químico esencial en la biosfera, se destaca como uno de los elementos de transición más prevalentes en la corteza terrestre, junto con el hierro y el titanio. Naturalmente presente en rocas, suelos y agua, este oligoelemento desempeña un papel crucial en numerosos procesos biológicos.

Está presente en los suelos, principalmente como óxidos, MnO_2 (pirolusita) y $MnO(OH)$ (manganita), pero también como carbonatos $(MnCO_3)$ y silicatos $(MnSiO_3)$, en niveles que van desde 200 a 3000 ppm (600 ppm en promedio). El ion Mn(II) puede liberarse a través de procesos químicos y de meteorización y ser posteriormente asimilado por las plantas (Stockley, et al., 2018).

A pesar de su relativa abundancia, el manganeso no se encuentra en grandes cantidades en los materiales vegetales, aunque es un nutriente esencial para la mayoría de los seres vivos, incluyendo plantas y humanos (Schramm & Brandt, 1986).

La variabilidad en el contenido de manganeso en los alimentos es notable. Mientras que los productos de origen animal como huevos, leche, carne y pescado suelen tener niveles bajos de manganeso, alimentos como el té, las nueces, los cereales integrales y algunas verduras de hoja verde oscuro, como la espinaca, pueden contener concentraciones significativas de este oligoelemento (Pennington, Young, Wilson, Johnson, & Vanderveen, 1986; Kies, 1987), llegando a alcanzar hasta 100 mg kg $^{-1}$ de peso seco (Guthrie, 1975). Los niveles normales de manganeso en muestras de sangre oscilan entre 4 y 15 µg L^{-1}, con su absorción y eliminación reguladas por el hígado y la bilis respectivamente (Rakhtshah, Shirkhanloo, & Mobarake, 2022).

En el metabolismo de todos los organismos vivos, el manganeso desempeña un papel fundamental al participar en la fosforilación oxidativa, el metabolismo de ácidos grasos, colesterol y mucopolisacáridos, así como en la activación de diversas enzimas. En el caso de las plantas, su función principal radica en facilitar procesos biológicos cruciales como la fotosíntesis, respiración y asimilación de nitrógeno, contribuyendo al crecimiento saludable de la planta y su resistencia a patógenos (Stockley, et al., 2018).

A pesar de sus beneficios, el manganeso puede presentar riesgos potenciales para la salud, especialmente en forma de compuestos y derivados organometálicos en condiciones específicas, siendo considerados posibles agentes genotóxicos inorgánicos (Aschner & Aschner, 2005; Baly, Curry, Keen, & Hurley,

1984; Greger, 1999; Keen, Lönnerdal, & Hurley, 1984). Además, el elemento ha sido clasificado como un agente neurotóxico, que causa un trastorno similar a la enfermedad de Parkinson, conocido como manganismo (Kwakye, Paoliello, Mukhopadhyay, Bowman, & Aschner, 2015).

Muchas técnicas sofisticadas, como Cromatografía Líquida de Alta Eficacia (HPLC, por sus siglas en inglés de *High Performance Liquid Chromatography*), Espectroscopía de Absorción Atómica (AAS, por sus siglas en inglés de *Atomic Absorption Spectroscopy*), Espectroscopía de absorción Atómica de Llama (FAAS, por sus siglas en inglés de *Flame Atomic Absorption Spectroscopy*), Espectroscopía de Emisión Atómica con Plasma Acoplado Inductivamente (ICP-OES, por sus siglas en inglés de *Inductively Coupled Plasma Optical Emission Spectroscopy*) y Espectrometría de Masas con Plasma Acoplado Inductivamente (ICP-MS, por sus siglas en inglés de *Inductively Coupled Plasma Mass Spectrometry*), han sido ampliamente aplicadas para la determinación de manganeso (Mohagheghpour, Farzin, Ghoorchian, Sadjadi, & Abdouss, 2022; Rakhtshah, Shirkhanloo, & Mobarake, 2022; Carneiro & Dias, 2021).

Entre las posibles metodologías, adicionalmente, algunos métodos colorimétricos (Sankar, Inamdar, Im, Lee, & Kim, 2018) y dispersión de Raman (Narayanan & Han, 2017) han empleado Ag-NPs como estrategias para cuantificar manganeso.

La determinación precisa de manganeso en muestras biológicas se ve desafiada por las bajas concentraciones del metal, la complejidad de las matrices en la que se encuentra y la necesidad de controlar la contaminación externa y la interferencia de iones durante todas las etapas del análisis.

1.3.1. Manganeso en vinos

La vid, como cualquier otra planta, necesita un equilibrio adecuado de nutrientes para crecer y producir frutos. Este elemento es crucial para la síntesis de clorofila y el metabolismo del nitrógeno. El déficit o exceso de manganeso en el suelo puede afectar negativamente el crecimiento y la calidad de la vid. La deficiencia de manganeso puede manifestarse en hojas amarillas con venas verdes (Figura 5), pudiendo confundirse con deficiencias de zinc o hierro, mientras que la toxicidad, aunque es poco común, puede causar necrosis entre las venas y en las hojas más viejas, reflejándose en manchas negras en hojas, brotes y tallos de racimo (Ashley, 2009).

La liberación de manganeso durante la combustión de gasolina con aditivos de manganeso puede contaminar suelos, polvo y plantas en viñedos cercanos a carreteras (Lytle, Smith, & McKinnon, 1995).

En el cultivo de la vid, el manganeso se absorbe desde el suelo a través de las raíces. La disponibilidad del manganeso en el suelo depende de varios factores, como el pH, la actividad de los microorganismos, la materia orgánica, el nivel y tipo de nutrientes (como hierro, fósforo, cobre y zinc), sales neutras, abonos acidificantes añadidos o extraídos, temperatura y humedad, y determinadas texturas del suelo.

En suelos ácidos (pH por debajo de 6), la fracción libre de Mn(II) es mayor y las vides absorberán más. En suelos básicos o bien aireados, la disponibilidad de manganeso disminuye.

Las prácticas de manejo del viñedo pueden modular, pero no eliminar, los niveles de manganeso, al afectar el pH del suelo e influir en la disponibilidad de Mn(II), tales como:

- El encalado de suelos muy ácidos disminuye la concentración de Mn(II) en la tierra debido a la precipitación como MnO_2. El encalado excesivo de suelos ácidos es una causa común de deficiencias de manganeso.

- Los fertilizantes, agroquímicos, el agua de riego u otros tratamientos que contengan manganeso pueden aumentar los niveles en las vides, mientras que los insumos con propiedades acidificantes pueden alterar la disponibilidad para la vid (La Pera, et al., 2008).

- Los cultivos de cobertura, al reducir el pH del suelo.

El proceso de vinificación generalmente no agrega cantidades significativas a los niveles ya presentes en las uvas. (Stockley, et al., 2018)

Figura 5: Deficiencia de Mn en vid. Extraída de
https://www.sobitecperu.com/la-importancia-de-los-micros-
elementos-en-la-produccion-de-frutales-y-vides-de-alta-calidad-y-
condicion/

En general, se considera que los niveles de manganeso en el agua de riego deben estar entre 0,05 y 0,2 mg L^{-1}. Niveles más altos pueden ser tóxicos para las plantas, mientras que niveles más bajos pueden limitar el crecimiento y la producción (Ayers & Westcot, 1985).

1.4. Métodos Luminiscentes

Los métodos luminiscentes engloban un conjunto de técnicas instrumentales altamente sensibles y selectivas, destacándose la fluorescencia, fosforescencia y quimioluminiscencia por su relevancia en el análisis. En estos métodos, las moléculas del analito son excitadas, generando una especie cuyo espectro de emisión proporciona información para realizar análisis cualitativos y cuantitativos.

La medición de la intensidad luminiscente posibilita la determinación cuantitativa de diversas especies inorgánicas (asociadas a agentes complejantes adecuados) y orgánicas a niveles de trazas. Actualmente, la cantidad de métodos fluorimétricos supera significativamente a las aplicaciones basadas en fosforescencia y quimioluminiscencia.

La sensibilidad de la luminiscencia es uno de sus aspectos más atractivos, con límites de detección hasta tres órdenes de magnitud inferiores a los de las espectroscopías UV-Vis (ppb). Además, la selectividad de los métodos luminiscentes supera a la de los métodos de absorción UV-Vis. No obstante, su aplicabilidad es limitada debido al número restringido de sistemas químicos que pueden generar luminiscencia (Skoog, Holler, & Crouch, 2008; Willard, L.Merritt, A.Dean, & A.Settle, 1991).

1.5. Extracción en Fase Sólida

La Extracción en Fase Sólida (EFS, o SPE, por sus siglas en inglés de *Solid Phase Extraction*) ha sido ampliamente empleada para la separación y determinación de analitos, ofreciendo ventajas como altas recuperaciones, fácil recuperación de la fase sólida, disminución del efecto matriz y mejora de la selectividad analítica.

Se han desarrollado y aplicado nuevos materiales adsorbentes como nanopartículas poliméricas impresas, sílica nanoporosa modificada, entre otros, para la preconcentración y separación de iones de metales pesados a nivel de trazas en diversas muestras (Bagheri, Amini, Behbahani, & Rabiee, 2019; Sobhi, Mohammadzadeh, Behbahani, & Esrafili, 2019; Behbahani, et al., 2018; Behbahani, Rabiee, Bagheri, & Amini, 2022; Behbahani, Bagheri, & Amini, 2020; Ebrahimzadeh & Behbahani, 2017; Behbahani, Akbari, Amini, & Bagheria, 2014; Ghorbani-Kalhor, Behbahani, & Abolhasani, 2015; Bagheri, et al., 2012; Omidi, Behbahani, Bojdi, & Shahtaheri, 2015).

Este enfoque se ha utilizado con éxito en una amplia variedad de analitos debido a la disponibilidad de adsorbentes sólidos (Herrero-Latorre, Álvarez-Méndez, Barciela-García, García-Martín, & Peña-Crecente, 2012; Talio, Luconi, & Fernández, 2011; Talio, Alesso, Acosta, Wills, & Fernández, 2017; Talio, Acosta, Acosta, Olsina, & Fernández, 2015).

Dado que la cuantificación de trazas de metales se realiza principalmente mediante Espectroscopía de Absorción Atómica de Llama (FAAS) o Espectroscopía de Absorción Atómica con Horno de Grafito (GFAAS, por sus siglas en inglés de *Graphite Furnace Atomic Absorption Spectroscopy*), la eficacia de la preconcentración se ve limitada por la necesidad de presentar el extracto en solución. Al combinar la EFS con Fluorescencia en Fase Sólida (FFS, o SSF, por sus siglas en inglés de *Solid Surface Fluorescence*), el analito se presenta en un soporte sólido sin necesidad de dilución.

1.6. Importancia del monitoreo en vinos

La cuantificación de trazas de Mn(II) resulta de gran importancia para el control de calidad y autenticidad del vino (Ribeiro-de-Lima, et al., 2004; Deng, et al., 2019; Smoleńa, Sekułaa, & Kleszcza, 2017).

El vino es un producto ampliamente consumido a nivel mundial y la gran diversidad de áreas de producción le confiere características particulares que son influenciadas por numerosos factores, como variedad de uva, suelo y clima, levadura, prácticas enológicas, transporte y almacenamiento.

El vino argentino, bebida nacional de Argentina (Ley 26870), se produce principalmente en las provincias de Mendoza, San Juan, La Rioja y, en las recientes décadas, ha empezado a ser producido en otras provincias como San Luis. Según datos del Instituto Nacional de Vitivinicultura (INV), Argentina produjo más de 14 millones de hectolitros de vino en 2018, representando un incremento del 22.8% respecto de 2017 (Instituto Nacional de Vitivinicultura, 2022; Corporación Vitivinícola Argentina, 2022). La población argentina es buena consumidora de vino, en 2006 el consumo fue de 45 litros por año per cápita (Joseph, 2021; Argentina.gob.ar, 2022).

La investigación sobre los niveles de iones metálicos en vinos de mesa ha sido un tema de interés en la literatura científica reciente. Se han analizado los cocientes de riesgo (CR) de iones metálicos en vinos de mesa, utilizando el valor límite superior de seguridad de referencia. El CR se calculó mediante la fórmula establecida por la Agencia de Protección del Medio Ambiente, expresada en la ecuación (1):

$$CR = \frac{EFr * ED_{tot} * SFI * MCS_{Inorg}}{RfD * BW_a * AT_n} * 10^{-3} \tag{1}$$

donde EFr es la frecuencia de exposición (días año⁻¹); ED_{tot} es la duración de la exposición (años); SFI es la masa de la dieta seleccionada ingerida (g día⁻¹); MCS_{inorg} es la concentración de especies inorgánicas en los componentes de la dieta (µg g⁻¹); RfD es la dosis oral de referencia (mg kg⁻¹ día⁻¹); BW_a es el peso corporal medio de un adulto (kg); AT_n es el tiempo medio para los no carcinógenos (días); y 10^{-3} es el factor de conversión de unidades.

Los resultados mostraron que los valores de CR para siete iones metálicos (Pb, Cr, Cu, Zn, Ni, Mn y V) en la mayoría de los vinos fueron significativamente altos, excepto para algunos vinos seleccionados de Italia, Brasil y Argentina. Los niveles de vanadio, cobre y manganeso tuvieron el mayor impacto en las medidas de CR. Los valores máximos potenciales de CR oscilaron entre 50 y 200, y algunos vinos húngaros y eslovacos alcanzaron valores de 300.

La presencia de niveles relativamente altos de iones metálicos potencialmente peligrosos en vinos tintos y blancos originarios de varios países es un tema de preocupación. El consumo diario de 250 mL de estos vinos puede generar valores de CR muy altos y, por lo tanto, presentar problemas de salud perjudiciales a lo largo de la vida, basados únicamente en el contenido de metales. Es importante profundizar la investigación en esta área, especialmente en relación con la salud pública, y determinar los mecanismos de inclusión/retención de metales durante la producción de vino. Estos estudios deben incluir la influencia de la variedad de uva, tipo de suelo, región geográfica, insecticidas y herbicidas, recipientes de contención y variaciones estacionales (Naughton & Petróczi, 2008).

La clasificación geográfica de vinos mediante oligoelementos e isótopos es otro aspecto que muestra la importancia del monitoreo de diferentes metales, incluyendo el manganeso (Cheng, Fa, Xi, &

Zhang, 2015; Coetzee, Jaarsveld, & Vanhaecke, 2014; Dinca, et al., 2016; Đurđić, et al., 2017; Dutra, et al., 2011; Pepi & Vaccaro, 2017). Además, es crucial que los niveles de iones metálicos aparezcan en las etiquetas de los vinos, junto con la introducción de pasos adicionales para eliminar los iones metálicos peligrosos clave durante la producción del vino.

1.7. Hipótesis

En este contexto, se plantea la siguiente hipótesis:

- La síntesis de nanopartículas de plata utilizando métodos verdes y amigables con el medio ambiente, como la síntesis sonoquímica, puede ser una herramienta útil para la determinación de manganeso (II) en muestras de vino.

La síntesis puede ser realizada mediante múltiples metodologías y reactivos, dependiendo de las necesidades del sistema y la aplicación final deseada.

En este trabajo final, se explora la síntesis de Ag-NPs mediante el empleo de ultrasonido y el efecto de diferentes agentes tensoactivos (HTAB, Tritón X-100, y SDS) para obtener Ag-NPs funcionalizadas que puedan ser utilizadas para la determinación de manganeso (II) en muestras de vino.

1.8. Objetivos

- Desarrollar una nueva metodología analítica altamente sensible mediante la combinación de nanopartículas de plata funcionalizadas con fluorescencia molecular para la determinación de Mn(II).

- Caracterizar los descriptores de forma de las Ag-NPs mediante Microscopía Electrónica de Barrido y Análisis Morfométrico.

- Estudiar y optimizar las variables experimentales que afectan las distintas etapas del proceso analítico.

- Evaluar los métodos desarrollados utilizando parámetros estadísticos.

- Aplicar la metodología desarrollada para la determinación de Mn(II) en muestras de distintos tipos de vinos.

Capítulo 2

Materiales y Métodos

2.1. Nanopartículas de plata

2.1.1. Reactivos

Se utilizaron para la síntesis de Ag-NPs, nitrato de plata y ácido cítrico (Sigma Chemical Co., St. Louis, MO, EE. UU.), las cuales fueron posteriormente funcionalizadas mediante la adición de diferentes agentes tensoactivos (HTAB, catiónico; Tritón X-100, no iónico; y SDS, aniónico) en diferentes concentraciones (1×10^{-2} a 1×10^{-8} mol L^{-1}). Todas las soluciones utilizadas fueron preparadas con agua ultrapura (18,3 MΩ cm^{-1}; Milli-Q EASY pure RF, Barnsted, IA, EE. UU.).

La solución madre de Mn(II) se preparó mediante la dilución de la solución estándar de concentración 100 µg mL^{-1} (Standard solution plasma-pure, Leeman Labs, Inc., Hudson, NH, EE. UU.), la cual se almacenó en botellas de vidrio a 4°C al abrigo de la luz y se utilizó para la preparación de la soluciones de menor concentración.

Además, fueron utilizados los siguientes reactivos analíticos: TRIS (Mallinckrodt Chemical Works, St Louis, EE. UU. $-$ 1×10^{-2} mol L^{-1}), fosfatomonobásico de potasio (2×10^{-2} mol L^{-1} $-$ Biopack, Buenos Aires, Argentina), fosfatodibásico de potasio (2×10^{-2} mol L^{-1} $-$ Biopack, Buenos Aires, Argentina), tetraborato de sodio (Merck & Co., Inc. $-$ 1×10^{-2} mol L^{-1}), biftalato de potasio (Merck & Co., Inc. $-$ 5×10^{-2} mol L^{-1}) y buffer acético/acetato (1×10^{-2} mol L^{-1} - Mallinckrodt Chemical Works). Los pH de las diferentes soluciones fueron ajustados mediante la adición de soluciones concentradas de ácido clorhídrico (Merck, Darmstadt, Alemania) o hidróxido de sodio (Mallinckrodt Chemical Works) controlada mediante un pH-metro (Orion Expandable Ion Analyzer, Orion Research, Cambridge, MA, EE. UU.) modelo EA 94.

2.1.2. Tratamiento ultrasónico

2.1.2.1. Fundamento teórico

Las propiedades de una fuente de energía específica desempeñan un papel fundamental en el desarrollo de una reacción química. La aplicación de irradiación ultrasónica se distingue de las fuentes de energía convencionales, como el calor, la luz o la radiación ionizante, por su duración, presión y energía por molécula. Las altas temperaturas y presiones locales, así como las velocidades extremas de calentamiento y enfriamiento generadas por el colapso de las burbujas de cavitación, convierten a los ultrasonidos en un mecanismo excepcional para desencadenar procesos químicos de alta energía (Crocker, 1995).

Las ondas acústicas, de naturaleza puramente mecánica, no pueden ser absorbidas directamente por las moléculas, sino que requieren una transformación en una forma químicamente útil a través del proceso complejo de cavitación. Al igual que todos los sonidos, los ultrasonidos se propagan mediante una serie de ondas de compresión y expansión que viajan a través de un medio. Estos ciclos de compresión y expansión generan fuerzas que unen y separan las moléculas del medio, respectivamente. En un medio líquido, el ciclo de expansión de los ultrasonidos puede crear suficiente presión negativa para superar las fuerzas de cohesión de las moléculas del líquido, separándolas localmente y creando microcavidades o burbujas. Estas burbujas crecen en varios ciclos, desde una medida inferior al micrómetro hasta decenas de micrómetros, atrapando vapores o gases del medio. Durante cada ciclo de expansión, el crecimiento de la cavidad es ligeramente más grande que el encogimiento durante la compresión. Por lo tanto, a lo largo de varios ciclos acústicos, la cavidad va creciendo gradualmente hasta alcanzar una medida crítica que le permite absorber energía ultrasónica de manera eficiente. Una vez que alcanza este punto crítico, la cavidad puede expandirse rápidamente durante un ciclo acústico, alcanzando una medida inestable en la que ya no puede absorber energía eficientemente. En este punto, la cavidad no puede mantenerse y el líquido circundante entra violentamente en ella, lo que provoca su implosión. Esto crea un entorno inusual para reacciones químicas, caracterizado por temperaturas y presiones extremas, que pueden alcanzar hasta 5000°C y 1000 atm, respectivamente (Figura 6).

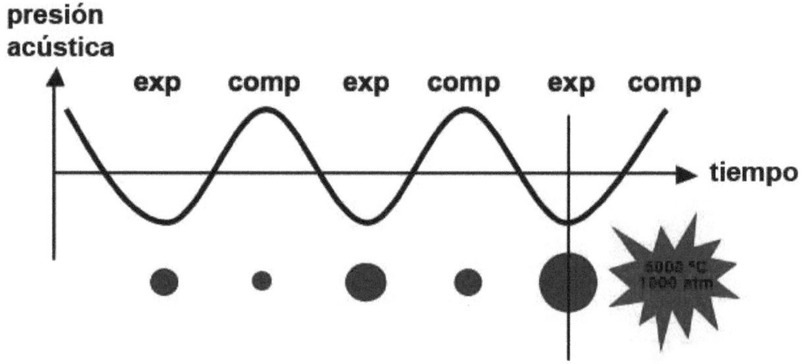

Figura 6: Esquema del proceso de cavitación. Extraída de
https://www.ub.edu/talq/es/node/252

La rápida compresión de los gases y vapores dentro de la burbuja genera condiciones de alta energía, que se disipan rápidamente ($>10^{10}$ °C s^{-1}) sin afectar significativamente las condiciones del entorno. Esta combinación de altas temperaturas, presiones y enfriamiento rápido crea condiciones difícilmente alcanzables con otras técnicas químicas. Además, el colapso de las burbujas genera ondas de choque que pueden inducir efectos mecánicos, como la formación de emulsiones estables en sistemas líquido-líquido, la fragmentación y erosión de sólidos, y la aceleración del transporte de masa y la disminución de la repasivación por los productos de reacción. Como resultado, la cavitación facilita el contacto entre reactivos inmiscibles o poco solubles, lo que puede activar muchas reacciones químicas.

En algunos casos, la cavitación puede inducir una reacción química específica, conocida como switching sonoquímico, que puede alterar la naturaleza de los productos de reacción. En general, la sonicación de disoluciones mejora los procesos de radicales libres, mientras que tiene un efecto limitado en los procesos polares. En sistemas bifásicos, los ultrasonidos favorecen los mecanismos radicalarios sobre los polares, a menos que solo sea posible un mecanismo polar, en cuyo caso el efecto se limita a los efectos mecánicos de la cavitación.

Las reacciones sonoquímicas se han desarrollado fundamentalmente para reacciones en fase heterogénea, donde la formación de burbujas de cavitación cerca de una superficie sólida genera un chorro líquido dirigido hacia la superficie, responsable de la efectividad de los ultrasonidos en la limpieza de superficies. La ultrasonicación es un medio eficiente para dispersar sólidos o emulsionar líquidos, incrementando el área de superficie de contacto y, en consecuencia, la velocidad de reacción. Además, la sonicación facilita la transferencia de masa en sistemas heterogéneos, maximizando la exposición de reactivos.

El objetivo principal de la aplicación de ultrasonidos a las reacciones químicas es mejorar su velocidad y rendimiento, y/o inducir una reactividad química específica. (Grupo de Innovación Docente en Operativa de Laboratorios Químicos, 2008)

2.1.2.2. Condiciones operativas

La síntesis y derivatización sonoquímica se desarrolló en un baño ultrasónico termostatizado (LabTech, LUC-410, Daihan LabTech Co., Ltd., Kyonggi-Do, Korea) (Figura 7).

Figura 7: Equipo de ultrasonido

2.1.3. Síntesis

Las Ag-NPs se sintetizaron (ver Figura 8) a partir de los precursores químicos nitrato de plata y ácido cítrico (Sigma Chemical Co., St. Louis, MO, EE. UU.) utilizando para dicha síntesis un baño ultrasónico termostatizado.

Inicialmente, 10 mL de una solución de nitrato de plata (1×10^{-2} mol L^{-1}) se mezclaron con 10 mL de una solución de ácido cítrico (1×10^{-2} mol L^{-1}) en un Erlenmeyer de 250 mL. Esta mezcla fue llevada a tratamiento ultrasónico durante 30 minutos a 25°C. Una vez que el tratamiento ultrasónico finalizó, la suspensión resultante se dejó en reposo durante 10 minutos y posteriormente se adicionaron 10 mL del agente tensoactivo correspondiente (HTAB, Tritón X-100, o SDS) y se llevó a un volumen final de 100 mL con agua ultrapura para ser llevada nuevamente al tratamiento ultrasónico durante 30 minutos. Una vez finalizado el mismo, la suspensión se dejó en reposo a temperatura ambiente al abrigo de la luz.

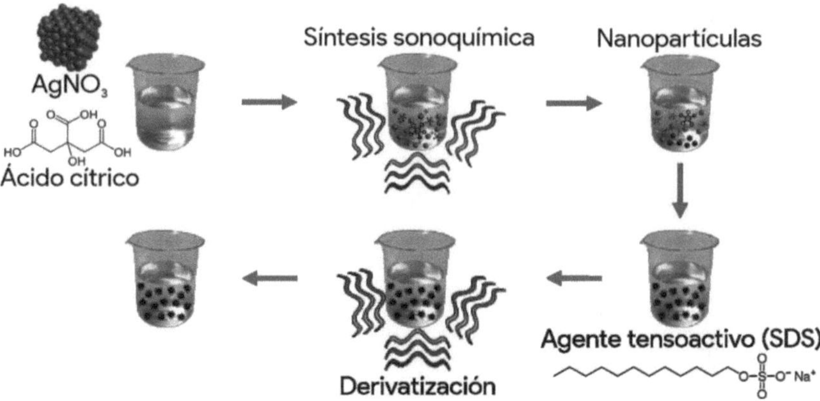

Figura 8: Esquema del procedimiento de síntesis y derivatización de las Ag-NPs mediante ultrasonido.

2.1.4. Elección del soporte sólido y tiempo de inmersión

En los estudios sobre la naturaleza del soporte sólido, se probaron papel de filtro de banda azul (Whatman, Inglaterra; tamaño de poro de 2 – 5 µm), acetato de celulosa, y membranas de Nylon y Teflón (Sigma-Aldrich; tamaño de poro de 0,45 µm). Todas las membranas con un diámetro de 5 cm.

Se mezclaron volúmenes de 2,5 mL de Ag-NPs recubiertas y 2,5 mL de agua ultrapura y se colocaron en cristalizadores de 25 mL. Luego, se sumergieron los distintos soportes sólidos en las soluciones preparadas durante diferentes tiempos (5 a 300 s) empleando un agitador orbital (DLAB SK-O330-Pro) (Figura 9). Los soportes impregnados con diferentes nanomateriales fueron secados en desecadores a temperatura ambiente y reservados para el siguiente paso.

Figura 9: Equipo agitador orbital

2.2. Preparación de las muestras

Se seleccionaron y adquirieron muestras de vinos de diferentes tipos de cortes: tintos (Cabernet Sauvignon, Malbec, Merlot, Tempranillo), blancos (Semillon, Sauvignon Blanc, Tocai, Viognier, Chardonnay), rosados (Tannat, Malbec, Syrah, Malbec-Pinot Noir) y blends (Syrah-Merlot, Cabernet Sauvignon-Merlot) provenientes de diferentes provincias argentinas (La Rioja, Mendoza, San Juan y San Luis). Las muestras se abrieron, se protegieron de la luz solar, se almacenaron a 4°C y posteriormente se analizaron en unos pocos días. Se filtró una alícuota a través de un filtro cromatográfico de Nylon Millipore de 0,2 μm y se diluyó con agua ultrapura cuando fue necesario.

Con el propósito de determinar el volumen óptimo de cada muestra de vino para la cuantificación de Mn(II), se llevaron a cabo pruebas con diferentes volúmenes de muestra. Se identificó la dilución adecuada al asegurarse de que las intensidades de señal estuvieran dentro del rango lineal de la metodología propuesta.

Se analizaron las siguientes muestras aplicando la metodología propuesta:

1. Vino Tinto (Cabernet Sauvignon), San Juan.
2. Vino Tinto (Cabernet Sauvignon), San Luis.
3. Vino Tinto (Cabernet Sauvignon), La Rioja.
4. Vino Tinto (Malbec), Mendoza.
5. Vino Tinto (Merlot), San Juan.
6. Vino Tinto (Tempranillo), San Juan.
7. Vino blanco (Semillón, Sauvignon Blanc), Mendoza.
8. Vino blanco (Tocai, Viognier, Chardonnay y Sauvignon Blanc), San Juan.
9. Vino blanco (Chardonnay y Sauvignon Blanc), La Rioja.

10. Vino blanco (Malbec- Pinot Noir) Mendoza.

11. Vino blanco –rosado (Tannat, Malbec, Syrah), Mendoza.

12. Vino blanco – rosado (Tannat, Malbec, Pinot), San Juan.

13. Vino blend tinto (Syrah- Merlot), Mendoza.

14. Vino blend tinto (Cabernet Sauvignon, Merlot), Mendoza.

15. Vino blend tinto (Syrah- Merlot-Cabernet Sauvignon), La Rioja.

16. Vino blend tinto (Cabernet Sauvignon, Merlot), San Juan.

17. Vino blend tinto (Cabernet Sauvignon, Tempranillo), San Luis.

2.3. Métodos de caracterización de las Ag-NPs

2.3.1. Microscopía Electrónica de Barrido

2.3.1.1. Fundamento teórico

En la microscopía electrónica de barrido (SEM, por sus siglas en inglés de *Scanning Electron Microscopy*), se enfoca un haz de electrones fino sobre la superficie de una muestra sólida para obtener imágenes de alta resolución, con una amplia variedad de aplicaciones en investigación y análisis de materiales. Este haz se barre en un patrón de trama sobre la muestra mediante bobinas de barrido, similar al funcionamiento de un tubo de rayos catódicos de un televisor. En los sistemas más modernos, este barrido se logra digitalmente para posicionar el haz con precisión. Durante este proceso, se generan diversas señales desde la superficie, como electrones retrodispersados, secundarios, y Auger, junto con fotones de fluorescencia de rayos X emitidos por la muestra, que son utilizados en el análisis de superficies. En SEM, los electrones retrodispersados y secundarios son detectados y empleados para la formación de la imagen, mientras que muchos instrumentos también cuentan con detectores de rayos X para análisis químicos cualitativos y cuantitativos mediante fluorescencia de rayos X.

La instrumentación de un SEM comprende una fuente de electrones, que generalmente es un filamento de tungsteno, aunque también se utilizan cañones de emisión de campo para alta resolución. Los electrones son acelerados a una energía de entre 1 y 30 keV. El sistema magnético de las lentes reduce el tamaño del punto a un diámetro de 2 – 10 nm en la muestra. El barrido se realiza mediante bobinas electromagnéticas que desvían el haz en las direcciones *x* e *y*. Este barrido se controla aplicando señales eléctricas a las bobinas, lo que permite irradiar la muestra completa. Las muestras no conductoras a menudo se recubren con una película metálica delgada para mejorar la conductividad eléctrica y térmica. Las interacciones de los electrones con la muestra producen diferentes señales, como electrones retrodispersados, electrones secundarios y rayos X, que se utilizan para la observación y el análisis de la muestra. Los electrones secundarios son detectados por un sistema fotomultiplicador de centelleo, mientras que los retrodispersados son detectados por un detector de área grande o detectores semiconductores (Skoog, Holler, & Crouch, 2008).

2.3.1.2. Condiciones operativas

Para el análisis microscópico se utilizó un Microscopio Electrónico de Barrido (SEM, LEO 1450VP, Zeiss) (Figura 10) que permitió tomar las micrografías correspondientes y realizar el análisis químico composicional de las Ag-NPs. Además, los softwares Image J (Schneider, Rasband, & Eliceiri, 2012) y OriginPro 9.1 fueron utilizados para el análisis del rango y distribución de tamaños de las Ag-NPs, respectivamente.

2.3.2. Espectroscopía de Rayos X de Energía Dispersiva
2.3.2.1. Fundamento teórico

La Espectroscopía de Rayos X de Energía Dispersiva (XEDS, por sus siglas en inglés de *X-Ray Energy Dispersive Spectroscopy*) es una técnica analítica ampliamente utilizada para determinar la composición química elemental de muestras sólidas. Se basa en la excitación de los átomos en la muestra mediante un haz de electrones de alta energía, comúnmente generado en un Microscopio Electrónico de Barrido. Cuando estos electrones interactúan con los electrones de la capa interna de los átomos de la muestra, pueden expulsar electrones de estas capas internas, creando huecos electrónicos. Los electrones de capas superiores entonces pueden caer a estas posiciones vacantes, liberando energía en forma de rayos X característicos de los elementos presentes en la muestra.

Los espectrómetros de energía dispersiva constan de tres secciones principales, que efectúan la excitación, la detección, y la dispersión y lectura, respectivamente. Los rayos X excitados en la muestra constan de muchas longitudes de onda discretas y se emiten en todas las direcciones. El detector recibe el haz secundario no dispersado que comprende todas las líneas excitadas de todos los elementos de la muestra y convierte cada fotón de rayos X absorbido en un pulso de corriente eléctrica cuya amplitud es proporcional a la energía del fotón. A continuación, la salida amplificada del detector se somete a una selección electrónica de la altura del pulso: los pulsos procedentes de las distintas longitudes de onda detectadas se separan en función de la altura media de sus pulsos, es decir, en función de la energía de los fotones de las líneas de rayos X correspondientes. Las distintas distribuciones de la altura de impulso se leen como picos en una escala de intensidad frente a la altura de pulso o la energía del fotón.

El análisis cualitativo por espectrometría de rayos X da como resultado una serie de picos en un gráfico, y cada pico representa una línea espectral de rayos X de un elemento de la muestra. La visualización es un gráfico de la intensidad frente a la altura del pulso y, por tanto, de la intensidad versus la energía del fotón (Bertin, 1978).

2.3.2.2. Condiciones operativas

Para la caracterización composicional se utilizó un espectrómetro dispersivo en energía (XEDS, Génesis 2000, EDAX) (Figura 10).

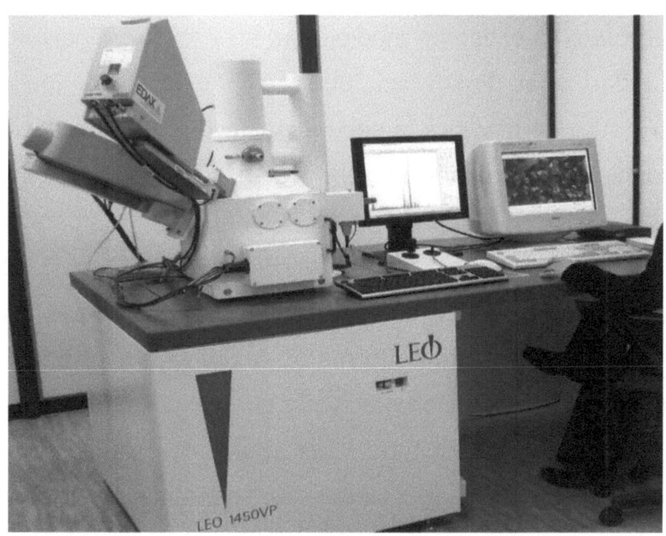

Figura 10: Equipo de XEDS acoplado a SEM

2.4. Métodos espectroscópicos

2.4.1. Espectroscopía de Fluorescencia Molecular

2.4.1.1. Fundamento teórico

La luminiscencia es la emisión de luz de cualquier sustancia y se produce a partir de estados excitados electrónicamente. Se divide formalmente en dos categorías, fluorescencia y fosforescencia, dependiendo de la naturaleza del estado excitado. En los estados excitados singletes, el electrón del orbital excitado está apareado (por espín opuesto) con el segundo electrón del orbital del estado fundamental. En consecuencia, el retorno al estado fundamental está permitido por el espín y se produce rápidamente mediante la emisión de un fotón. En la fluorescencia, la emisión espontánea de radiación se produce en unos pocos nanosegundos tras la extinción de la radiación excitante. Las tasas de emisión de la fluorescencia son típicamente de 10^8 s^{-1}, por lo que el tiempo de vida típico de la fluorescencia es cercano a 10 ns (10 x 10^{-9} s). El tiempo de vida (τ) de un fluoróforo es el tiempo medio entre su excitación y el retorno al estado fundamental. (Lakowicz, 2006)

La Figura 11 muestra la secuencia de pasos implicados en la fluorescencia. La absorción inicial lleva a la molécula a un estado electrónico excitado, y si se registrara el espectro de absorción, se parecería al que se muestra en la Figura 12a. Las moléculas excitadas están sujetas a colisiones con las moléculas que las rodean, y al ceder energía de forma no radiativa, descienden por la escalera de niveles vibracionales hasta el nivel vibracional más bajo del estado molecular excitado. Las moléculas del entorno, sin embargo, podrían ahora ser incapaces de aceptar la mayor diferencia de energía necesaria para bajar la molécula al estado electrónico fundamental. Por tanto, podría sobrevivir el tiempo suficiente para sufrir una emisión espontánea y emitir el exceso de energía restante en forma de radiación. La transición electrónica descendente es vertical (de acuerdo con el principio de Franck-Condon) y el espectro de fluorescencia tiene una estructura vibracional característica del estado electrónico fundamental (Figura 12b).

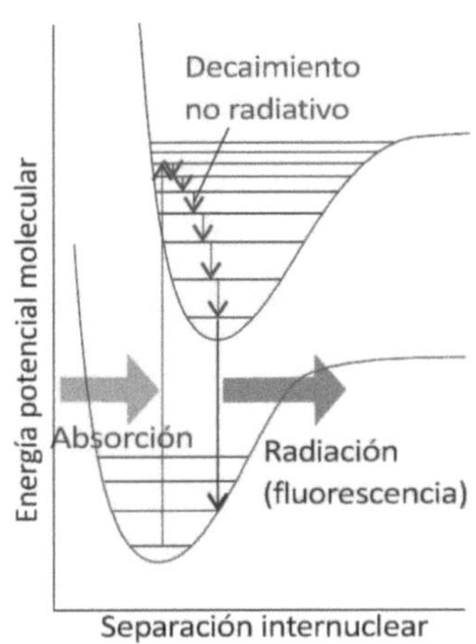

Figura 11: La secuencia de pasos que conducen a la fluorescencia. Tras la absorción inicial, los estados vibracionales superiores sufren un decaimiento no radiativo al ceder energía al entorno. A continuación, se produce una transición radiativa desde el estado básico vibracional del estado electrónico excitado.

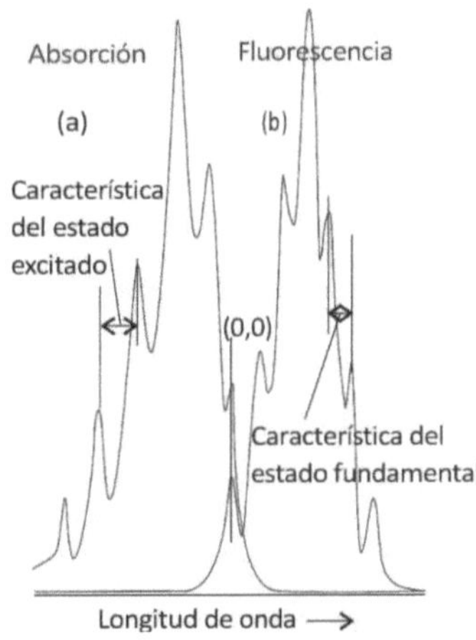

Figura 12: Un espectro de absorción (a) muestra una estructura vibracional característica del estado excitado. Un espectro de fluorescencia (b) muestra una estructura característica del estado fundamental; también está desplazado a frecuencias más bajas (pero las transiciones 0-0 coinciden) y se asemeja a una imagen especular de la absorción.

La fluorescencia se produce a frecuencias más bajas (mayores longitudes de onda) que la radiación incidente porque la transición emisiva se produce después de que parte de la energía vibracional se haya desechado al entorno (Atkins & de Paula, 2006).

Diagramas de niveles de energía para procesos fotoluminiscentes

En la Figura 13 se observa el diagrama parcial de niveles de energía, llamado Diagrama de Jablonski, para una determinada molécula fotoluminiscente. En este, la línea horizontal más baja representa el nivel de menor energía (S_0). Las líneas superiores S_1, S_2 y T_1, representan el primer y segundo estado excitado singlete y triplete, respectivamente. La energía de un estado triplete es menor que la del correspondiente singlete excitado: $ET_1 - ES_1$. Para que se produzca absorción de radiación, la energía del fotón excitante debe igualar a la diferencia de energía entre el estado fundamental y uno de los estados excitados singletes de la molécula absorbente.

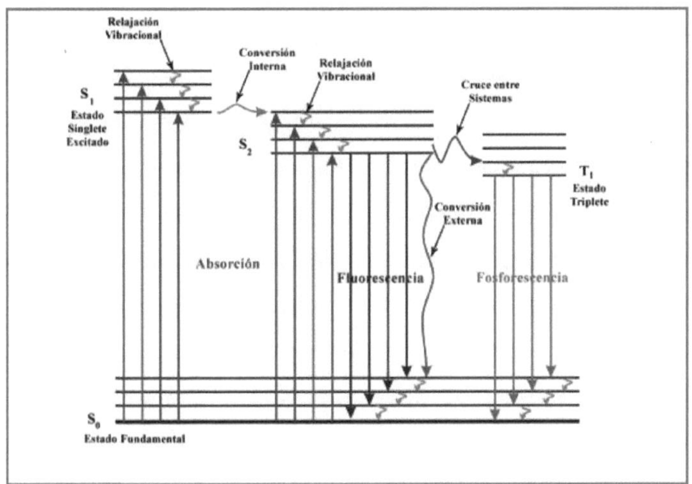

Figura 13: Diagrama de niveles de energía para procesos de fotoluminiscencia

Aunque el proceso de absorción de radiación es extremadamente rápido (del orden de 10^{-15} a 10^{-14} s), la secuencia de los procesos de desactivación suele ser más lenta. Así, el retorno al estado fundamental vía emisión luminiscente es uno de los procesos más lentos que se van a producir desde el estado electrónico excitado, necesitando un tiempo de entre 10^{-10} y 10^{-5} s para fluorescencia y entre 10^{-4} y 10 s para fosforescencia. Sin embargo, el equilibrio térmico se alcanza rápidamente y como consecuencia los electrones se encontrarán en el estado vibracional de mínima energía dentro del correspondiente estado electrónico excitado. De este modo, tanto la fluorescencia como la fosforescencia se producirán desde el estado vibracional más bajo del estado electrónico excitado, siendo este un estado singlete para el primer fenómeno y un triplete para el segundo.

Una molécula excitada puede volver a su estado fundamental mediante una combinación de varias etapas mecanísticas. Así, junto con las etapas de desactivación fotoluminiscentes que tienen lugar mediante la emisión de un fotón de radiación, pueden tener lugar diversos procesos que compiten con la desactivación por radiación. El camino más propicio hacia el estado fundamental es aquel que minimiza el tiempo de vida del estado excitado. Por ello, si la desactivación por fotoluminiscencia es más rápida que los procesos no radiativos, se observará tal emisión. Por el contrario, si la desactivación no radiante tiene una constante de velocidad más favorable, el fenómeno fotoluminiscente no se producirá o será poco intenso. Por este motivo, resulta necesario conocer los caminos de desactivación no radiativos para intentar buscar aquellas condiciones en que estos se vuelvan lentos hasta el punto de no competir cinéticamente con la emisión luminiscente. A continuación, se describen los mecanismos de desactivación radiativos y no radiativos:

<u>Relajación Vibracional</u>: durante un proceso de excitación electrónica, una molécula puede pasar a cualquiera de los distintos estados vibracionales; sin embargo, el exceso de energía vibracional se pierde inmediatamente como consecuencia de colisiones entre moléculas de las especies excitadas y las del entorno. El resultado es una transferencia de energía que conlleva un pequeño aumento de temperatura del sistema.

<u>Conversión Interna</u>: transición entre estados electrónicos de la misma multiplicidad por acoplamiento vibracional. Es un proceso intermolecular en donde la molécula pasa a un estado electrónico de más baja energía sin emisión de radiación, siendo este proceso particularmente eficaz cuando dos niveles de energía electrónico

están suficientemente próximos para que haya un solapamiento de los niveles de energía vibracional.

Predisociación: en este caso, la transferencia por conversión interna se produce desde un estado electrónico más alto a un nivel vibracional elevado del estado electrónico más bajo, pudiendo ser la energía suficiente para romper algún enlace de la molécula.

Disociación: la radiación absorbida excita el electrón de un cromóforo directamente a un nivel vibracional suficientemente alto para provocar la ruptura del enlace del cromóforo.

Conversión externa: se produce debido a la interacción y transferencia de energía entre la molécula excitada y el disolvente u otros solutos. La evidencia de la conversión externa se observa en el marcado efecto que tiene el disolvente sobre la intensidad de fluorescencia.

Cruce entre sistemas: es un proceso en el cual el espín del electrón excitado se invierte; la probabilidad de esta transición aumenta si los niveles vibracionales de los dos estados se solapan, por ejemplo, si el estado vibracional singlete más bajo se superpone con uno de los niveles vibracionales triplete más elevado, de esta forma, es más probable un cambio de espín (Skoog, Holler, & Crouch, 2008).

Quenching de fluorescencia

La intensidad de la fluorescencia puede disminuir por una gran variedad de procesos. Estas disminuciones de la intensidad se denominan *quenching*. El quenching puede producirse por diferentes mecanismos. El *quenching colisional* se produce cuando el fluoróforo en estado excitado se desactiva al entrar en contacto con otra molécula en solución, denominada *quencher*. En este caso, el fluoróforo vuelve al estado fundamental durante un encuentro difusivo con el quencher. Las moléculas no se alteran químicamente en el proceso. Para el quenching colisional, la disminución de la intensidad se describe mediante la conocida Ecuación de Stern-Volmer (Ecuación (2)):

$$\frac{F_0}{F} = 1 + k_q \, \tau_0 \, [Q] = 1 + K_D \, [Q] \tag{2}$$

En esta expresión F_0 y F son las intensidades de fluorescencia en ausencia y presencia del quencher, respectivamente, k_q es la constante de quenching bimolecular, τ_0 es el tiempo de vida no quencheado y $[Q]$ es la concentración del quencher. La constante de quenching de Stern-Volmer viene dada por $K_D = k_q \, \tau_0$. Esta constante indica la sensibilidad del fluoróforo a un quencher. Un fluoróforo atrapado en una macromolécula suele ser inaccesible a los quenchers solubles en agua, por lo que el valor de K_D es bajo. Los valores de K_D son mayores si el fluoróforo está libre en solución o en la superficie de una biomolécula. Si se sabe que el quenching es dinámico, la constante de Stern-Volmer se expresa como K_D. En caso contrario, esta constante se escribe como K_{SV}.

El mecanismo de quenching varía en función del par fluoróforo-quencher. Aparte del quenching colisional, el quenching también puede producirse como resultado de la formación de un complejo no fluorescente entre el fluoróforo y el quencher. Cuando este complejo absorbe luz, vuelve inmediatamente al estado fundamental sin emisión de fotones (Figura 14). Este proceso se denomina quenching estático, ya que se produce en el estado fundamental y no depende de la difusión ni de las colisiones moleculares. Para el quenching estático, la dependencia de la intensidad de fluorescencia con respecto a la concentración del quencher se deduce considerando la constante de asociación (K_S) para la formación del complejo. Esta relación viene dada por la Ecuación (3):

$$\frac{F_0}{F} = 1 + K_S\,[Q]$$

(3)

Los datos de quenching se presentan normalmente como gráficos de F_0/F frente a $[Q]$. Esto se debe a que se espera que F_0/F sea linealmente dependiente de la concentración del quencher.

Es importante reconocer que la observación de un gráfico lineal de Stern-Volmer no prueba que se haya producido un quenching colisional de la fluorescencia. Obsérvese que en el quenching estático, la dependencia de F_0/F respecto a $[Q]$ también es lineal, idéntica a la observada para el quenching dinámico, salvo que la constante de quenching es ahora la constante de asociación. A menos que se proporcione información adicional, los datos de quenching de fluorescencia obtenidos únicamente mediante medidas de intensidad pueden explicarse tanto por procesos dinámicos como estáticos.

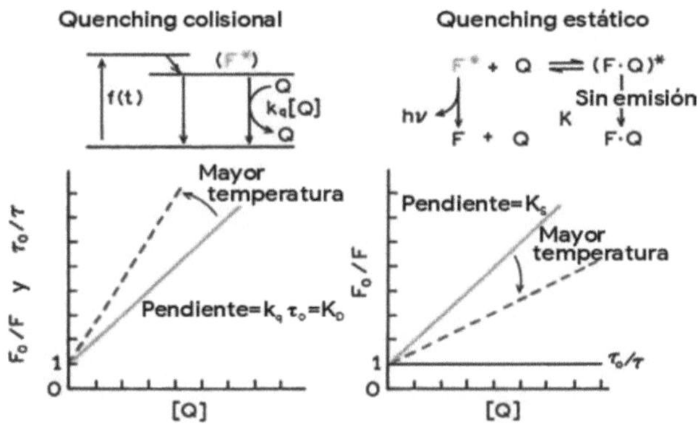

Figura 14: Comparación de quenching dinámico y estático.

El quenching estático y el dinámico pueden distinguirse por su diferente dependencia de la temperatura y la viscosidad o, preferentemente, por mediciones del tiempo de vida. A mayor temperatura, la difusión es más rápida y, por lo tanto, el quenching colisional es mayor (Figura 14). Una temperatura más alta suele provocar la disociación de complejos débilmente unidos y, por lo tanto, una menor cantidad de quenching estático (Lakowicz, 2006).

2.4.1.2. Condiciones operativas

Las mediciones de fluorescencia se realizaron en un espectrofluorómetro Shimadzu RF-5301 PC (Figura 15) equipado con una lámpara de xenón 150 W, y un soporte para medición de Fluorescencia en Fase Sólida (Figura 16).

Figura 15: Equipo de fluorescencia

Figura 16: Dispositivo para muestras sólidas

Durante la evaluación de Ag-NPs como sensores fluorescentes para la cuantificación de Mn(II), se añadieron alícuotas apropiadas de solución estándar de Mn(II) necesarias para alcanzar distintas concentraciones (0; 0,19; 0,23; 0,35; 0,47 y 0,61 µg L^{-1}) a 1 mL de buffer fosfato y se llevaron a un volumen final de 10 mL con agua ultrapura. Luego, se homogeneizaron utilizando un agitador vórtex y se filtraron, mediante una bomba de vacío, a través del soporte sólido previamente preparado con el nanomaterial recubierto. Los soportes sólidos fueron secados en un desecador a temperatura ambiente y, luego, se midió FFS a λ_{em} = 502 nm (λ_{exc} = 460 nm) utilizando un dispositivo para muestras sólidas.

Además, para verificar la dependencia lineal de la fluorescencia relativa con respecto a la concentración de Mn(II), se realizó una serie de mediciones de FFS en los sistemas de Ag-NPs/SDS con concentraciones de Mn(II) de 0; 1,86; 3,92; 5,98 y 6.84 µg L^{-1}.

Metodología propuesta

El procedimiento para la determinación de Mn(II) en muestras de vinos utilizando nanopartículas de plata recubiertas con SDS como sensores fluorescentes constó de los siguientes pasos (Figura 17): se colocaron 100 µL de muestra y 1 mL de buffer fosfato en tubos y, aplicando el método de adición de estándar, se agregaron los volúmenes necesarios de solución estándar de Mn(II) para alcanzar concentraciones finales agregadas de 0; 0,23 y 0,47 microgramos por litro. Posteriormente, se llevaron las muestras a 10 mL con agua ultrapura, se homogeneizaron mediante un agitador vórtex y se filtraron a través de los soportes sólidos con las nanopartículas recubiertas por SDS, utilizando una bomba de vacío. Luego, se procedió a secar los soportes sólidos en un desecador a temperatura ambiente y se midieron sus señales de fluorescencia (FFS) a λ_{em} = 502 nm y λ_{exc} = 460 nm utilizando un soporte para medición de Fluorescencia en Fase Sólida.

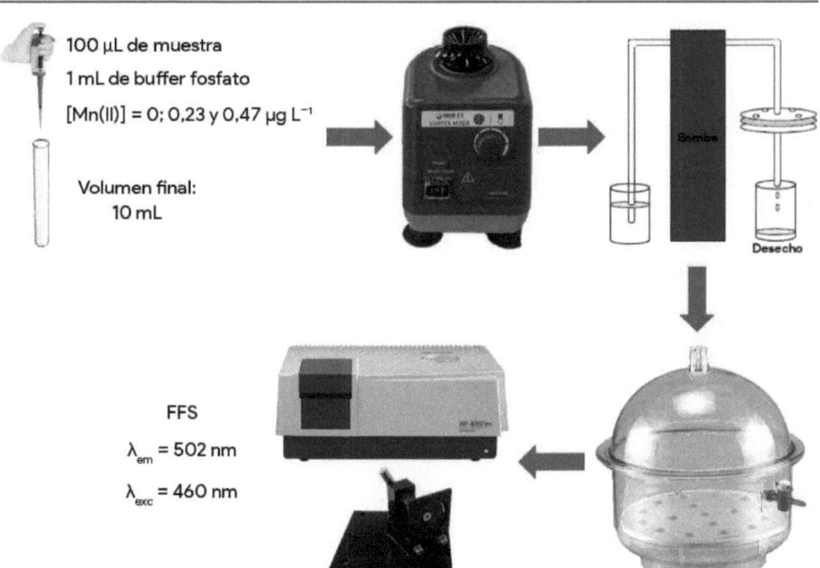

Figura 17: Esquema de la metodología propuesta

2.4.2. Espectrometría de Masas con Plasma Acoplado Inductivamente

2.4.2.1. Fundamento teórico

La espectrometría de masas con plasma acoplado inductivamente es una técnica fundamental en el análisis elemental, destacada por sus bajos límites de detección para la mayoría de los elementos, su alto grado de selectividad y sus razonablemente buenas precisión y exactitud. En esta técnica, una antorcha de plasma acoplado por inducción funciona como atomizador y ionizador. La introducción de la muestra en forma de solución se realiza mediante un nebulizador ordinario o ultrasónico. En los instrumentos de ICP-MS se muestrean los iones metálicos positivos generados por la antorcha de plasma acoplado por inducción a través de una interfaz de vacío diferencial conectada a un analizador de masas, generalmente cuadrupolar. Los espectros producidos de esta manera, que son mucho más sencillos que los espectros ópticos comunes de plasma acoplado por inducción, consisten en una serie sencilla de picos de isótopos por cada elemento presente. Tales espectros se utilizan para identificar los elementos que existen en la muestra y para la determinación cuantitativa. Por lo regular, los análisis cuantitativos se basan en curvas de calibración, en las cuales se grafica la relación entre el conteo de iones del analito y el conteo para un patrón interno en función de la concentración.

En la instrumentación de ICP-MS, la interfase juega un papel decisivo al unir la antorcha de plasma, operando a presión atmosférica, con el espectrómetro de masas, que requiere presiones mucho más bajas. Este acoplamiento se logra mediante un acoplador de interfase de vacío diferencial, que incluye un cono de muestreo enfriado con agua y un skimmer para dirigir los iones hacia el espectrómetro de masas. Los espectrómetros de masas ICP-MS disponibles en el mercado pueden abarcar un intervalo de masas de 3 a 300, con la capacidad de separar iones que difieren en m/z por tan solo una unidad. Además, tienen un amplio rango dinámico de seis órdenes de magnitud. Más del 90% de los elementos de la tabla periódica pueden determinarse mediante este método, con tiempos de medida de 10 segundos por elemento y límites de detección de entre 0,1 y 10 ng mL^{-1} para la mayoría de los elementos. Además, se han reportado desviaciones estándar relativas del 2 al 4% para concentraciones en las regiones medias de las curvas de calibración (Skoog, Holler, & Crouch, 2008).

2.4.2.2. Condiciones operativas

Para las mediciones de validación se utilizó un espectrómetro de masas de plasma acoplado inductivamente (ICP-MS), PerkinElmer SCIEX, ELAN DRC-e (Thornhill, Canadá) (Figura 18). Air Liquide (Córdoba, Argentina) suministró gas argón con una pureza mínima del 99,996%. Se acopló un nebulizador de teflón de alto rendimiento y resistente al HF, modelo PFA-ST, a una cámara de nebulización ciclónica de cuarzo con deflector interno y línea de drenaje refrigerada con el sistema PC3 de ESI (Omaha, NE, EE. UU.) (Tabla 1). Se emplearon tubos de bomba peristáltica Tygon negro/negro de 0,76 mm de diámetro interno y 40 cm de longitud. Las condiciones del instrumento fueron: modo de lente automático activado, modo de medida de salto de pico, tiempo de permanencia de 50 ms, 15 barridos/lectura, 1 lectura/réplica y 3 réplicas.

Tabla 1: Ajustes del instrumento y parámetros de adquisición de datos para ICP-MS

Velocidad de absorción de la muestra (µL min⁻¹)	400
Introducción de la muestra	Nebulizador modelo PFA-ST
Potencia de radiofrecuencia (W)	1150
Caudal de gas del nebulizador (mL min⁻¹)	0,87
Interfaz	Conos de Ni (muestreador y skimmer)
Modo estándar	^{55}Mn
Modo de escaneo	Salto de picos
Tiempo de permanencia (ms)	50 en modo estándar
Número de réplicas	3

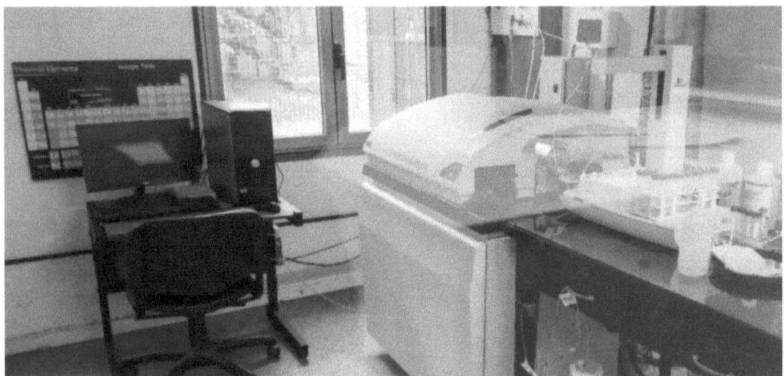

Figura 18: Equipo de ICP-MS

2.5. Estudio de recuperación

Se agregaron patrones de cantidades crecientes de Mn(II) a volúmenes adecuados de cada muestra en estudio. Se determinaron las concentraciones de analito según la metodología propuesta como el promedio de cinco réplicas (n = 5).

2.6. Estudio de precisión

Se estudió la repetibilidad del método (precisión intra-días) replicando muestras (n = 5) conteniendo Mn(II) 0,23 y 0,47 μg L^{-1}, respectivamente, y se cuantificó el analito mediante la metodología propuesta. Además, la reproducibilidad (precisión inter-días) se evaluó en 5 días para los mismos sistemas.

2.7. Estudio de interferencias

Se agregaron diferentes cantidades de iones potencialmente interferentes (Na^+, K^+, Cl^-, Fe^{3+}, Zn^{2+}, Co^{2+}, CO_3^{2-}, SO_4^{2-}, NO_3^-, Ni^{2+}, Cu^{2+}, Cd^{2+}, Ca^{2+}, Mg^{2+}, Sb^{3+}, As^{3+}, Al^{3+} y Pb^{2+}) a la solución que contenía 0,47 μg L^{-1} de Mn(II) y se aplicó la metodología propuesta.

Además, para evaluar la interferencia potencial de sustancias reductoras presentes en el vino, se utilizaron los siguientes reactivos: glucosa, fructosa, ácido cítrico, ácido tartárico y ácido málico. Estas soluciones se añadieron a la matriz de la muestra para simular las condiciones del vino y se analizaron utilizando la metodología propuesta.

Todos los reactivos fueron de grado analítico y las soluciones estándar de estos compuestos se prepararon disolviendo cantidades adecuadas en agua ultrapura.

Capítulo 3

Resultados y Discusión

En la evaluación de las Ag-NPs preparadas como potencial sensor fluorescente para la cuantificación de Mn(II), se diseñaron diversos estudios. Fue fundamental considerar aspectos clave, como la emisión adecuada del soporte sólido, la emisión de las Ag-NPs y el efecto de la presencia de Mn(II). Además, se prestó atención a las propiedades del soporte sólido, que debió asegurar la retención cuantitativa y selectiva del analito.

Los resultados revelaron que solo las Ag-NPs recubiertas con SDS cumplían con los criterios establecidos; la presencia de Mn(II) provocó un efecto de quenching en la emisión de las Ag-NPs. Asimismo, al retener el nanomaterial en papel de filtro de banda azul, la señal fluorescente se ubicaba en una longitud de onda apropiada, sin superposición espectral.

Por consiguiente, los estudios posteriores se centraron en la aplicación de Ag-NPs recubiertas con SDS, en combinación con el procedimiento de EFS utilizando papel de filtro de banda azul como soporte, para la determinación por FFS de Mn(II) en concentraciones de trazas.

3.1. Caracterización de las Ag-NPs

3.1.1. Microscopía Electrónica de Barrido

Para realizar el Análisis Morfométrico de los Descriptores de Forma de las Ag-NPs se analizaron y midieron las nanopartículas observadas en las micrografías obtenidas por SEM (Figura 19). En dichas micrografías se observa que las Ag-NPs exhiben forma redondeada.

El Análisis Morfométrico de los Descriptores de Forma se realizó a partir de 115 nanopartículas individuales e indicó que el diámetro de Ferret de las nanopartículas fue de 73,44 nm, presentando una distribución Lorentziana (Figura 20).

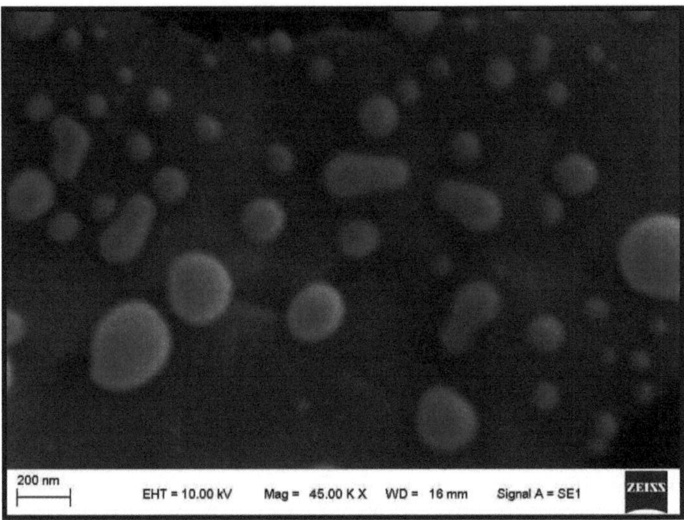

Figura 19: La micrografía SEM evidencia la presencia de nanopartículas con forma y tamaño redondeados

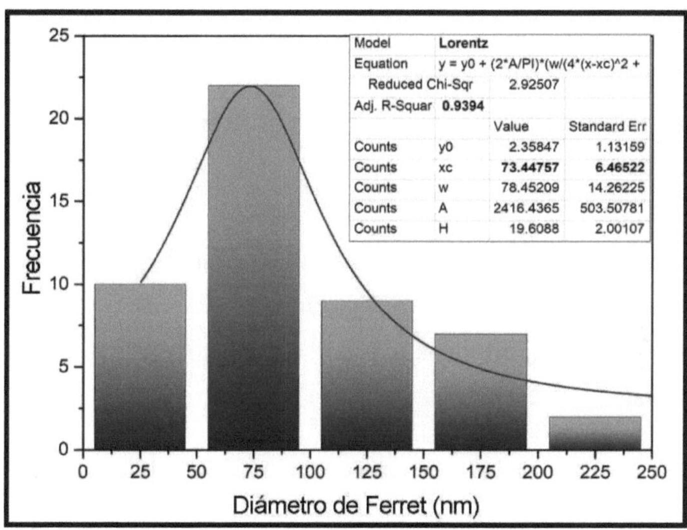

Figura 20: La distribución de tamaños de las Ag-NPs mostró que el diámetro de Ferret fue de 73,44 nm con una distribución Lorentziana

3.1.2. Espectroscopía de rayos X de energía dispersiva

El análisis composicional de las Ag-NPs evidencia la presencia de plata (Figura 21). Las líneas de color celeste indican las líneas XEDS de la plata.

Además, pueden observarse líneas atribuidas a otros elementos como Au, que se utilizó como recubrimiento de la muestra para su análisis por SEM; Na, proveniente del SDS; y C, N y O, provenientes del soporte sólido y de los reactivos para la síntesis de las Ag-NPs.

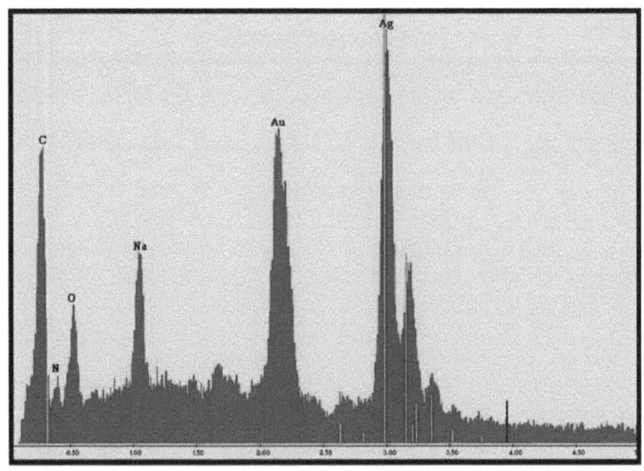

Figura 21: El análisis XEDS evidenció la presencia de plata en el estudio de composición (las líneas celestes indican líneas XEDS plateadas).

3.2. Optimización de variables

Con el objetivo de establecer las condiciones experimentales óptimas para la cuantificación de trazas de Mn(II) empleando AgNPs recubiertas con SDS, se llevaron a cabo investigaciones secuenciales sobre parámetros experimentales como el soporte sólido, el tiempo de contacto, la naturaleza y concentración del agente tensoactivo, el pH y la naturaleza y concentración de la solución buffer, a través del análisis de su comportamiento espectral. La Tabla 2 muestra los parámetros analíticos estudiados para la metodología propuesta y los valores elegidos como óptimos.

Tabla 2: Parámetros experimentales para la determinación de Mn(II)

Parámetros	Rango estudiado	Condiciones óptimas
Tensoactivos (SDS, HTAB, Tritón X-100)	1×10^{-8} – 1×10^{-2} mol L^{-1}	SDS 1×10^{-6} mol L^{-1}
Soporte sólido (Acetato de celulosa, Nylon, Teflón, Papel de filtro)	–	Papel de filtro de banda azul
Tiempo de inmersión	5 – 300 s	20 s
pH	4 – 10	8,0
Buffers (Tris, Fosfato, Tetraborato de sodio, biftalato de potasio y acético/acetato)	1×10^{-4} – 1×10^{-2} mol L^{-1}	Buffer fosfato
Concentración de buffer fosfato	5×10^{-5} – 5×10^{-4} mol L^{-1}	$2,5\times10^{-4}$ mol L^{-1}

3.2.1. Selección del soporte sólido

Con el objetivo de asegurar la retención de las Ag-NPs en el soporte sólido se realizaron ensayos en batch con filtros de membranas de distintas naturalezas.

Posteriormente, se investigó la retención del analito haciendo pasar una solución de Mn(II) a través de las membranas previamente tratadas. Los niveles de retención en cada material probado se evaluaron mediante la intensidad de la emisión fluorescente (λ_{exc} = 460 nm; λ_{em} = 502 nm).

El soporte sólido para la etapa de EFS fue elegido teniendo en cuenta la retención analítica cuantitativa y la emisión fluorescente de fondo más baja, con el fin de evitar interferencia espectral con la emisión del nanomaterial. Los mejores resultados se obtuvieron empleando papel de filtro banda azul.

3.2.2. Tiempo de inmersión

Con el objetivo de estudiar la influencia del tiempo de inmersión del soporte sólido en la solución de Ag-NPs/SDS, se realizaron ensayos en los que las variables experimentales permanecieron constantes a excepción de este parámetro. El periodo de tiempo bajo estudio fue de 0 a 300 segundos, obteniéndose una mejor intensidad fluorescente a los 20 segundos. Se observó que a partir de los 100 segundos la intensidad fluorescente se mantuvo constante (Figura 22).

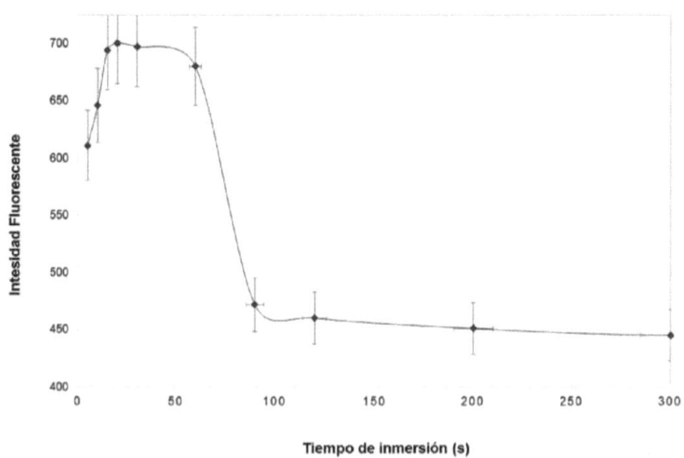

Figura 22: Optimización del tiempo de inmersión de las Ag-NPs/SDS en el papel de filtro.

3.2.3. Naturaleza y concentración del agente tensoactivo

Para estudiar la influencia del agente tensoactivo se midió la fluorescencia de Ag-NPs recubiertas por HTAB, SDS y Tritón X-100.

Los espectros obtenidos con Tritón X-100 (no iónico; Figura 23) y HTAB (catiónico; Figura 24) presentaron problemas de reproducibilidad y linealidad, por lo que se consideraron como inadecuados para el análisis. Específicamente, con Tritón X-100, la turbidez del sistema impidió la visualización de los espectros debido a la no linealidad en la absorción de la luz, es decir que no se cumplía la Ley de Lambert-Beer, mientras que con HTAB se observaron variaciones erráticas en la señal, mostrando tanto exaltación como quenching en presencia de manganeso.

En contraste, el SDS, (aniónico; Figura 25), mostró una alta reproducibilidad en las sucesivas determinaciones realizadas. Además, cuando se utilizaron Ag-NPs recubiertas con SDS para estudiar el efecto de Mn(II), se observó un fenómeno de quenching. Esto significa que su presencia provocó una disminución en la intensidad de fluorescencia, aportando los resultados más satisfactorios. Por lo tanto, la selección del SDS se justifica por la consistencia y calidad de los resultados obtenidos.

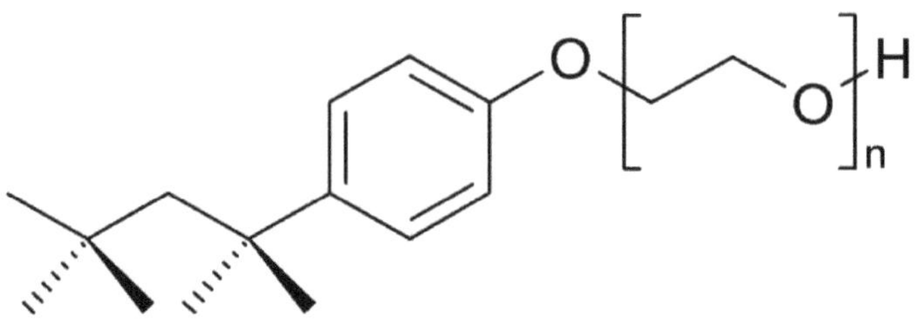

Figura 23: Tritón X-100. n = 9 o 10

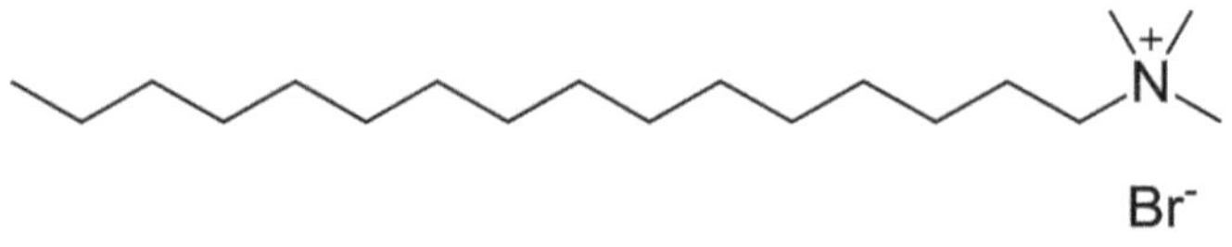

Figura 24: Bromuro de hexadeciltrimetilamonio

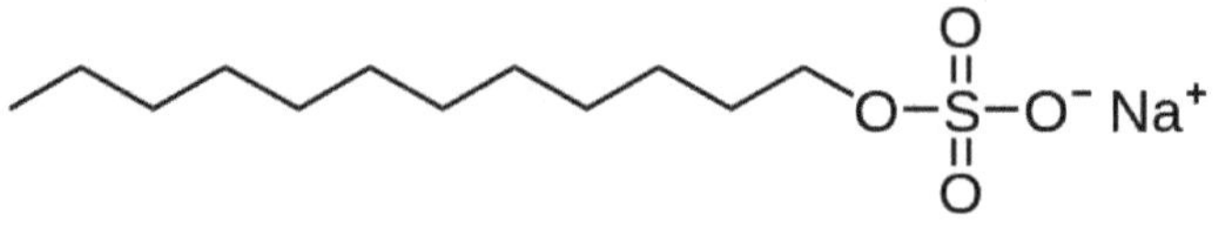

Figura 25: Dodecilsulfato de sodio

3.2.4. pH

El valor del pH desempeña un papel importante en la formación de asociaciones con metales. Los resultados se ilustran en la Figura 26; cerca de pH 8,0, se obtuvo un efecto de quenching máximo en la señal fluorescente. Debido a este comportamiento, el valor de pH de

8,0 fue seleccionado como valor de trabajo para los siguientes experimentos.

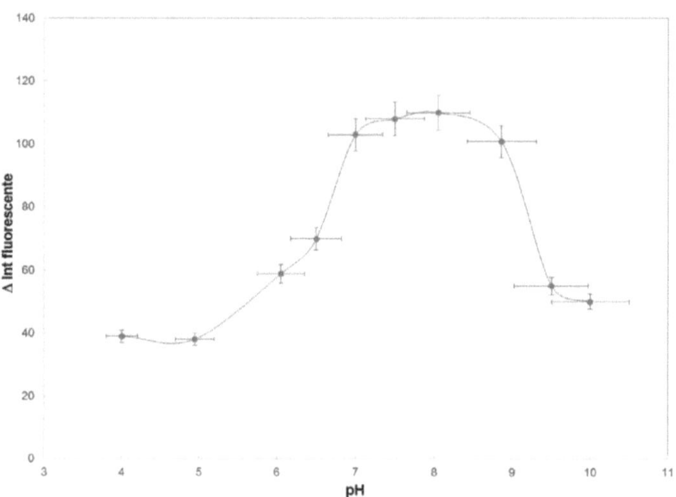

Figura 26: Optimización de pH. Condiciones FFS: λ_{em} = 502 nm; λ_{exc} = 460 nm; Soporte sólido = Papel de filtro con Ag-NPs/SDS; [Mn(II)] = 0.47 µg L^{-1}; [Buffer] = 2.5×10^{-4} mol L^{-1}.

3.2.5. Naturaleza y concentración del buffer

Con el objeto de estudiar el efecto de los diferentes agentes reguladores de pH, se realizaron diversos ensayos en los que todas las variables experimentales se mantuvieron constantes a excepción del tipo y concentración de la solución buffer.

El comportamiento del sistema fue estudiado para los buffers Tris, Fosfato, Tetraborato de sodio, biftalato de potasio y acético/acetato en el intervalo de concentraciones de buffer: 1×10^{-5} – 1×10^{-2} mol L^{-1}, los mejores resultados en cuanto a estabilidad y sensibilidad se obtuvieron con buffer fosfato.

Con el objeto de estudiar el efecto de la concentración de este buffer sobre el sistema, se analizaron concentraciones en el rango de 5×10^{-5} – 5×10^{-4} mol L^{-1}. Los mejores resultados referidos a estabilidad y sensibilidad del sistema se obtuvieron para concentraciones de $2,5\times10^{-4}$ mol L^{-1} (Figura 27).

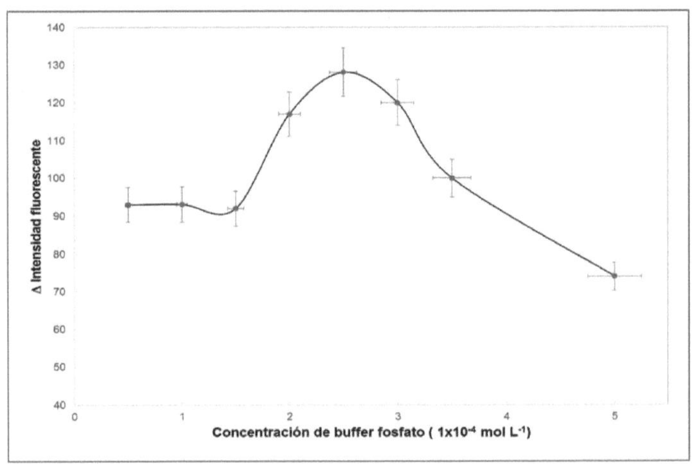

Figura 27: Optimización de la concentración de buffer fosfato. Condiciones FFS: λ_{em} = 502 nm; λ_{exc} = 460 nm; Soporte sólido = Papel de filtro con Ag-NPs/SDS; [Mn(II)] = 0.47 µg L⁻¹, pH = 8.0.

3.3. Estudio del efecto de quenching

Se llevaron a cabo estudios espectrales de los nanomateriales sintetizados y derivatizados, mediante fluorescencia en fase sólida. Se observaron máximos de excitación y de emisión a 460 y 502 nm respectivamente.

Se evidenció un fenómeno de quenching en la señal fluorescente de las Ag-NPs/SDS al incrementar la concentración de Mn(II) (Figura 28).

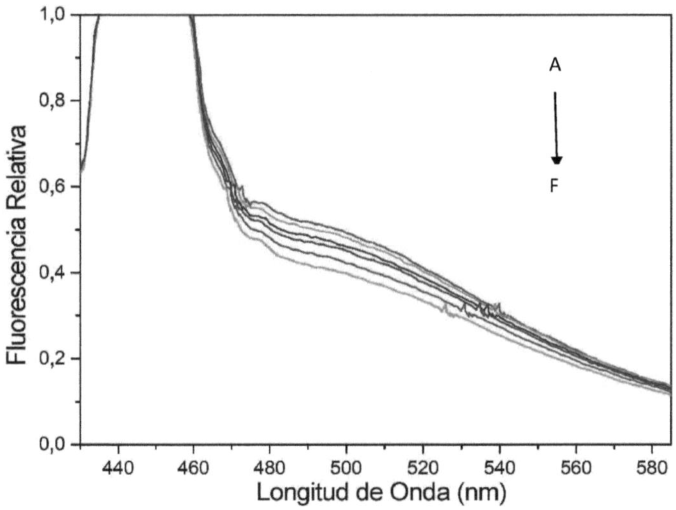

Figura 28: Espectros fluorescentes de los sistemas de Ag-NPs recubiertas con SDS/Mn(II). Condiciones FFS: λ_{em} = 502 nm; λ_{exc} = 460 nm; Soporte sólido = Papel de filtro con Ag-NPs/SDS; [Mn(II)] = 0.47 µg L $^{-1}$; [Buffer fosfato] = 2.5×10^{-4} mol L $^{-1}$, pH = 8.0.

- A: Papel de filtro con Ag-NPs/SDS.
- B: Ídem A con Mn(II) 0,19 µg L^{-1}.
- C: Ídem A con Mn(II) 0,23 µg L^{-1}.
- D: Ídem A con Mn(II) 0,35 µg L^{-1}.
- E: Ídem A con Mn(II) 0,47 µg L^{-1}.
- F: Ídem A con Mn(II) 0,61 µg L^{-1}.

El efecto de quenching causado por Mn(II) sobre la emisión fluorescente de Ag-NPs/SDS fue correctamente descrito por la ecuación de Stern-Volmer (Ecuación (2)) al graficar F_0/F versus $[Mn(II)]$ para confirmar la dependencia lineal:

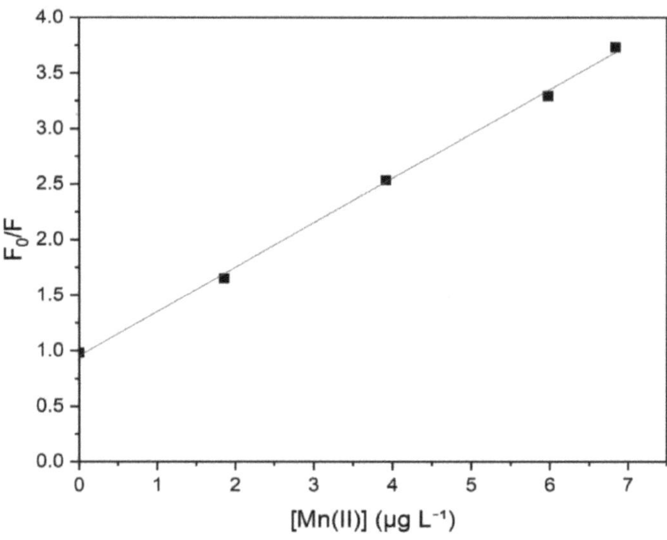

Figura 29: Gráfico de la ecuación de Stern-Volmer

Sin embargo, los resultados de quenching de fluorescencia obtenidos pueden ser explicados tanto por procesos dinámicos como estáticos. Para determinar el mecanismo subyacente de quenching, se requieren estudios adicionales que analicen la dependencia de la temperatura o midan los tiempos de vida de la fluorescencia. Estos estudios serían fundamentales para distinguir entre los mecanismos dinámicos y estáticos involucrados en el efecto de quenching.

3.4. Parámetros analíticos de la metodología desarrollada

En la Tabla 3 se resumen los parámetros de calidad para la determinación de Mn(II) empleando como sensor Ag-NPs/SDS.

El límite de detección (LOD, por sus siglas en inglés de *Limit of Detection*) (Ecuación (4)) y el límite de cuantificación (LOQ, por sus siglas en inglés de *Limit of Quantification*) (Ecuación (5)) se calcularon como:

$$LOD = 3{,}3\,\frac{s}{m} \qquad (4)$$

$$LOQ = 10\,\frac{s}{m} \qquad (5)$$

donde s es la desviación estándar de 10 determinaciones sucesivas del blanco y m es la pendiente de la curva de calibración (sensibilidad de calibración) (Kubatova's Research Group, 2014).

La linealidad del método se evaluó mediante el coeficiente de regresión lineal (R^2) de la curva de calibración, considerándose aceptable cuando $R^2 > 0.995$. Es destacable el adecuado rango lineal obtenido, con un LOQ que permite la determinación precisa de concentraciones de Mn(II) en el orden de los µg L^{-1}. Esto se logra gracias a la combinación de la nueva estrategia del nanosensor sintetizado con una metodología instrumental de alta sensibilidad, como la fluorescencia en fase sólida.

En las condiciones óptimas de trabajo, se alcanzaron un límite de detección (LOD) de 0,065 µg L^{-1} y un límite de cuantificación (LOQ) de 0,194 µg L^{-1}, con un rango lineal de $0{,}194 - 751{,}70$ µg L^{-1}.

Tabla 3: Parámetros analíticos para la determinación de Mn(II) mediante la metodología desarrollada.

Parámetros	Mn(II) (μg L^{-1})
LOD	0,064 μg L^{-1}
LOQ	0,194 μg L^{-1}
Rango lineal	0,194 – 751,70 μg L^{-1}
R^2	0,9978

La Tabla 4 muestra diferentes metodologías publicadas para la determinación de trazas de Mn(II) en diferentes muestras y la metodología propuesta, con sus correspondientes parámetros de calidad analítica, como rango lineal, límites de detección y cuantificación, coeficientes de variación (CV) y tipo de muestras sobre las que fueron aplicadas.

Tabla 4: Métodos para la determinación de Mn(II) en diferentes muestras

Metodología	Parámetros analíticos	Referencias
Espectrofluorimetría con 2-(α-piridil)-tioquinaldinamida	Rango lineal: 0,01 – 800 μg L^{-1} LOD: 1 ng L^{-1} LOQ: 10 ng L^{-1} CV: 0 – 2%	(Herrero-Latorre, Álvarez-Méndez, Barciela-García, García-Martín,

	Muestras: medioambientales, biológicas, de suelos, alimentarias y farmacéuticas.	& Peña-Crecente, 2012)
Electrodo de diamante dopado con boro, voltamperometría.	Rango lineal: 1×10^{-11} – 3×10^{-7} mol L^{-1} LOD: 1×10^{-11} mol L^{-1} Muestras: té.	(Ghorbani-Kalhor, Behbahani, & Abolhasani, 2015)
Puntos cuánticos de carbono funcionalizados con histidina, fluorescencia.	Rango lineal: 3,5 – 35,5 µg L^{-1} LOD: 1,85 µg L^{-1} Muestras: sangre entera.	(Barbir, et al., 2021)
N-acetilcisteína sobre nanotubos de carbono multipared clorofuncionalizados (MWCNTs@NAC). EFS acoplado a AT-FAAS.	Rango lineal: 0,48 – 36 µg L^{-1} LOD: 0,12 µg L^{-1} LOQ: 0,48 µg L^{-1} CV: < 5% Muestras: agua, alimentos y vegetales.	(Xia, Xiong, Lim, & Skrabalak, 2008)
Espectrometría de emisión óptica por	LOD: 0,15 µg L^{-1} LOQ: 0,5 µg L^{-1} CV: < 0,8%	(Neal & Guilarte, 2013)

plasma inducido por microondas	Muestras: vino.	
Metodología propuesta	Rango lineal: 0,194 – 751,70 $\mu g\ L^{-1}$ LOD: 0,064 $\mu g\ L^{-1}$ LOQ: 0,194 $\mu g\ L^{-1}$ R^2: 0,9978 Muestras: vino.	

Las figuras de mérito de la presente metodología demuestran que la misma es comparable a métodos convencionales de análisis de este analito (Tabla 4), con ventajas adicionales como procedimientos experimentales con baja generación de residuos, el uso de reactivos no tóxicos (en su mayoría) y el empleo de un instrumento relativamente económico, como lo es el espectrofluorómetro, en la etapa de determinación. Estas características permiten situar la nueva metodología dentro de la química analítica verde, ya que cumple con algunos de sus objetivos fundamentales.

3.5. Estudio de interferencias

El efecto de la presencia de iones potencialmente interferentes en la cuantificación de Mn(II) fue estudiado. Un determinado ion fue considerado interferente cuando generó una variación en la señal fluorescente del analito superior a ± 5%. En condiciones óptimas, Na^+, K^+, Cl^-, Fe^{3+}, Zn^{2+}, Co^{2+}, CO_3^{2-}, SO_4^{2-}, NO_3^-, Ni^{2+} y Cu^{2+} pueden estar presentes hasta un exceso de 1000:1 respecto de Mn(II); Cd^{2+},

Ca^{2+}, Mg^{2+}, Sb^{3+} y As^{3+} pueden estar presentes hasta un exceso de 100:1 respecto al Mn(II), mientras que Al^{3+} y Pb^{2+} pueden estar presentes hasta un exceso de 50:1 respecto de Mn(II) sin interferir. La Tabla 5 y la Tabla 6 muestran los resultados de tolerancia obtenidos para un grupo de iones presentes en forma habitual en las muestras de vino.

Los resultados obtenidos ponen de manifiesto la buena tolerancia de la propuesta de metodología.

Tabla 5: Límites de tolerancia de las especies interferentes en la determinación de Mn(II).

Relación interferente/Mn(II)	Especie interferente
1000:1	Na^+, K^+, Cl^-, Fe^{3+}, Zn^{2+}, Co^{2+}, CO_3^{2-}, SO_4^{2-}, NO_3^-, Ni^{2+}, Cu^{2+}
100:1	Cd^{2+}, Ca^{2+}, Mg^{2+}, Sb^{3+}, As^{3+}
50:1	Al^{3+}, Pb^{2+}

Condiciones FFS: λ_{em} = 502 nm; λ_{exc} = 460 nm; Soporte sólido = Papel de filtro con Ag-NPs/SDS; [Mn(II)] = 0.47 µg L^{-1}; [Buffer fosfato] = $2{,}5\times10^{-4}$ mol L^{-1}, pH = 8,0.

Dada la complejidad de la matriz de la muestra, se examinaron además sustancias reductoras presentes en el vino, como glucosa, fructosa, ácidos cítrico, tartárico y málico como posibles agentes interferentes, en relación 100:1. Tras evaluar los agentes reductores mencionados, no se observó evidencia de interferencia en la señal de FFS esperada.

Basándonos en estos hallazgos, se puede concluir que la metodología propuesta exhibe una tolerancia adecuada para la cuantificación de Mn(II). Asimismo, es importante destacar la viabilidad de la especiación inorgánica de Mn(II), dado que las pruebas realizadas indicaron que otros estados de oxidación no reaccionan con este nanomaterial.

Tabla 6: Estudio de interferentes

Ion	Δ Fluorescente	%CV
CO_3^{2-}	0,21	0,23
SO_4^{2-}	1,12	0,15
NO_3^-	3,14	0,34
CH_3COO^-	0,33	0,21
Cl^-	0,02	0,19
K^+	0,67	0,12
Na^+	1,55	0,15
Zn^{2+}	2,17	0,37
Fe^{3+}	3,24	0,22
Ca^{2+}	4,61	0,16
Sb^{3+}	3,89	0,63

Pb²⁺	3,31	0,41
Cd²⁺	2,77	0,22
Mg²⁺	2,45	0,29
Al³⁺	1,89	0,17
Cu²⁺	1,77	0,05
Ni²⁺	1,90	0,27
As³⁺	0,13	0,09
Co²⁺	0,98	0,17

3.6. Determinación de manganeso (II) en muestras de vino

3.6.1. Prueba de dilución

Con el objetivo de determinar el volumen apropiado de cada muestra de vino para la cuantificación de Mn(II), se evaluaron diversos volúmenes de muestra. La dilución adecuada para cada muestra fue aquella cuyas intensidades de señal se ubicaron dentro del intervalo de linealidad de la metodología desarrollada. Se seleccionó la dilución de 100 µL para los estudios posteriores.

3.6.2. Cuantificación de Mn(II)

Con el dato de F_0 de la evaluación de Ag-NPs como sensores fluorescentes para la cuantificación de Mn(II) y las fluorescencias de los soportes sólidos a través de los cuales se filtraron las muestras, se calcularon las fluorescencias relativas. A continuación, siguiendo las pautas del método de adición de estándar, se construyeron las gráficas de F_0/F versus concentración de Mn(II) agregada, se obtuvieron las rectas y se extrapolaron a $y = 0$ para determinar las concentraciones de Mn(II) desconocidas. Finalmente, se realizaron los cálculos considerando la dilución para obtener las concentraciones de Mn(II) en las muestras de vino analizadas.

La Tabla 7 muestra las concentraciones del analito halladas y sus correspondientes coeficientes de variación, como así también los resultados obtenidos de su análisis mediante ICP-MS. Para el estudio de recuperación, el número de réplicas (n) fue de 5 y el porcentaje de recuperación fue calculado mediante la Ecuación (6):

$$\%\text{Recuperación} = 100 * \frac{\text{Valor encontrado} - \text{Valor base}}{\text{Valor adicionado}} \qquad (6)$$

Tabla 7: Concentraciones de Mn(II) en muestras de vinos producidos y comercializados en la región centro-oeste de Argentina

Muestra	Mn(II) agregado ($\mu g\ L^{-1}$)	Metodología propuesta		Validación ICP-MS
		Mn(II) hallado ± CV ($\mu g\ L^{-1}$)	% Recuperación (n=5)	Mn(II) hallado ± DE ($\mu g\ L^{-1}$)
1	–	0,872 ± 0,05	–	0,854 ± 0,030
	0,23	1,104 ± 0,03	100,87	
	0,47	1,340 ± 0,04	99,57	
2	–	0,974 ± 0,05	–	0,966 ± 0,050
	0,23	1,206 ± 0,05	100,87	
	0,47	1,447 ± 0,05	100,64	
3	–	0,954 ± 0,01	–	0,933 ± 0,010
	0,23	1,182 ± 0,07	99,13	
	0,47	1,425 ± 0,02	100,21	
4	–	0,871 ± 0,05	–	0,863 ± 0,020
	0,23	1,105 ± 0,07	101,74	
	0,47	1,339 ± 0,03	99,57	
5	–	0,998 ± 0,02	–	0,955 ± 0,011
	0,23	1,226 ± 0,03	99,13	
	0,47	1,465 ± 0,01	99,36	
6	–	0,903 ± 0,09	–	0,894 ± 0,020
	0,23	1,132 ± 0,07	99,57	
	0,47	1,375 ± 0,01	100,43	
7	–	0,513 ± 0,08	–	0,501 ± 0,023
	0,23	0,740 ± 0,02	98,70	

	0,47	0,986 ± 0,03	100,64	
8	–	0,607 ± 0,06	–	0,609 ± 0,019
	0,23	0,833 ± 0,04	98,26	
	0,47	1,079 ± 0,05	100,43	
9	–	0,643 ± 0,03	–	0,712 ± 0,015
	0,23	0,877 ± 0,01	101,74	
	0,47	1,112 ± 0,03	99,79	
10	–	0,413 ± 0,08	–	0,398 ± 0,012
	0,22	0,650 ± 0,02	107,73	
	0,44	0,849 ± 0,07	99,09	
11	–	0,017 ± 0,07	–	0,041 ± 0,021
	0,11	0,126 ± 0,06	99,09	
	0,22	0,237 ± 0,06	100,00	
12	–	0,057 ± 0,01	–	0,079 ± 0,020
	0,11	0,168 ± 0,07	100,91	
	0,22	0,276 ± 0,09	99,55	
13	–	1,022 ± 0,07	–	1,019 ± 0,011
	0,23	1,250 ± 0,03	99,13	
	0,47	1,495 ± 0,08	100,64	
14	–	1,130 ± 0,07	–	1,008 ± 0,030
	0,23	1,380 ± 0,02	108,70	
	0,47	1,580 ± 0,06	95,74	
15	–	0,998 ± 0,09	–	0,995 ± 0,026
	0,23	1,225 ± 0,01	98,70	
	0,47	1,469 ± 0,01	100,21	
16	–	1,113 ± 0,08	–	1,096 ± 0,018
	0,23	1,346 ± 0,03	101,30	

	0,47	1,581 ± 0,02	99,57	
17	–	1,090 ± 0,08	–	1,074 ± 0,021
	0,23	1,347 ± 0,07	111,74	
	0,47	1,554 ± 0,04	98,72	

Las muestras de vinos corresponden a:

1. Vino Tinto (Cabernet Sauvignon), San Juan.

2. Vino Tinto (Cabernet Sauvignon), San Luis.

3. Vino Tinto (Cabernet Sauvignon), La Rioja.

4. Vino Tinto (Malbec), Mendoza.

5. Vino Tinto (Merlot), San Juan.

6. Vino Tinto (Tempranillo), San Juan.

7. Vino blanco (Semillón, Sauvignon Blanc), Mendoza.

8. Vino blanco (Tocai, Viognier, Chardonnay y Sauvignon Blanc), San Juan.

9. Vino blanco (Chardonnay y Sauvignon Blanc), La Rioja.

10. Vino blanco (Malbec- Pinot Noir) Mendoza.

11. Vino blanco –rosado (Tannat, Malbec, Syrah), Mendoza.

12. Vino blanco – rosado (Tannat, Malbec, Pinot), San Juan.

13. Vino blend tinto (Syrah- Merlot), Mendoza.

14. Vino blend tinto (Cabernet Sauvignon, Merlot), Mendoza.

15. Vino blend tinto (Syrah- Merlot-Cabernet Sauvignon), La Rioja.

16. Vino blend tinto (Cabernet Sauvignon, Merlot), San Juan.

17. Vino blend tinto (Cabernet Sauvignon, Tempranillo), San Luis.

El análisis de metales en vinos resulta de gran importancia a fines de evaluar autenticidad y control de calidad. La presencia de diferentes elementos puede influir en el proceso de elaboración del vino o cambiar su sabor y calidad.

El método desarrollado se aplicó para la determinación de Mn(II) en 17 muestras de diferentes tipos de vinos provenientes de la región centro-oeste de Argentina.

3.6.3. Análisis estadístico

La cuantificación del metal se logró en todas las muestras analizadas, evidenciando concentraciones más elevadas de Mn(II) en los cortes de vino tinto y blend. Por otro lado, en las muestras de vinos blancos y rosados se observaron concentraciones menores de manganeso (II).

El análisis estadístico mediante prueba *t* mostró que los vinos tintos y blends presentan concentraciones mayores y con una diferencia altamente significativa (p < 0,001) respecto de las determinadas en los vinos blancos y rosados. Además, existe una diferencia significativa (p < 0,01) entre vinos blancos y rosados, así como entre tintos y blends (Tabla 8).

Tabla 8: Análisis estadístico de las concentraciones de Mn(II) encontradas en las muestras estudiadas

Muestra	Media	DE
Tinto	0,92833	0,05464 [b]
Blanco	0,58767	0,06712 [a]
Rosado	0,40367	0,00862 [a, b]
Blend	1,0706	0,05774

Los valores se expresan como media ± DE (desviación estándar).

[a] p < 0,001, vino tinto frente a vino blanco; vino tinto frente a vino rosado; blend frente a vino blanco; blend frente a vino rosado.

[b] p < 0,01, vino blanco frente a vino rosado; blend frente a vino tinto.

Para evaluar la repetibilidad (precisión intra-días) del método, se analizaron muestras de vino (n = 5) siguiendo la metodología propuesta, y se obtuvo un CV de 3,01%. Además, se evaluó la reproducibilidad (precisión inter-días) durante 5 días, realizando determinaciones diarias, obteniendo un CV de 5,80%.

Los resultados exhibieron una precisión y concordancia adecuadas, lo que sugiere que el método propuesto es idóneo para la determinación de Mn(II) en las muestras analizadas. En la Tabla 7 se presentan los resultados de recuperación obtenidos para cada muestra.

La veracidad del método se verificó mediante la aplicación de una metodología de referencia (ICP-MS), obteniendo resultados satisfactorios.

Los resultados de los contenidos de Mn(II) en réplicas de muestras (n = 5) mediante el método propuesto y la técnica de ICP-MS se compararon mediante prueba *t* y no se encontraron diferencias significativas (p $\gg$ 0,05).

Capítulo 4

Conclusiones

Capítulo 4: Conclusiones

Este estudio presenta una metodología alternativa, sencilla, precisa y económicamente viable para la detección de trazas de Mn(II) mediante el uso de nanopartículas de plata (Ag-NPs) recubiertas con dodecilsulfato de sodio (SDS) y detección por Fluorescencia en Fase Sólida. A través del desarrollo y optimización de esta metodología, se ha logrado establecer parámetros óptimos que aseguran la precisión y sensibilidad del método, lo que la convierte en una herramienta valiosa para el monitoreo de metales enológicos.

La aplicación de la fluorescencia molecular en esta investigación ha demostrado múltiples ventajas analíticas, como una alta sensibilidad, una selectividad adecuada y un amplio rango lineal. La retención y preconcentración de Mn(II) en papel de filtro han resultado ser herramientas efectivas para la determinación precisa de este analito en las muestras analizadas. En este sentido, la elección del papel de filtro como soporte sólido y el tiempo de inmersión óptimo de 20 segundos fueron necesarios para maximizar la eficiencia del nanosensor.

El uso del SDS como agente tensoactivo se justificó por su alta reproducibilidad y consistencia en los resultados, destacándose sobre otros agentes como HTAB y Tritón X-100. Asimismo, el pH óptimo para el sistema se determinó en 8,0, ya que en este valor se observó el mayor efecto de quenching en la señal fluorescente, con una concentración de buffer fosfato adecuada que garantizó la estabilidad del sistema.

El fenómeno de quenching observado en la señal fluorescente al incrementar la concentración de Mn(II) permitió la cuantificación del ion en las muestras. Los estudios de parámetros analíticos demostraron que el método desarrollado posee un límite de detección (LOD) de 0,065 µg L^{-1} y un límite de cuantificación (LOQ) de 0,194 µg L^{-1}, con un rango lineal de 0,194 a 751,70 µg L^{-1}. La precisión del método, tanto en términos de repetitividad como de reproducibilidad, fue adecuada para aplicaciones analíticas.

La estrategia de extracción en fase sólida implementada ha permitido eliminar los efectos de la matriz en muestras complejas, posibilitando la cuantificación del analito con recuperaciones cercanas al 100%. La excelente tolerancia a altas concentraciones de posibles interferentes resalta la selectividad y versatilidad de la metodología propuesta.

La metodología fue validada con éxito mediante ICP-MS, obteniendo resultados altamente concordantes, lo que respalda la fiabilidad y precisión del enfoque analítico empleado. Esta validación refuerza la aplicabilidad de la técnica desarrollada para la determinación de trazas de Mn(II) en muestras de vino, sugiriendo su potencial utilidad en la industria vitivinícola para el control de calidad y autenticidad de los productos.

La aplicación exitosa de esta metodología en muestras de vino tinto, blanco, rosado y blend de Argentina permitió concluir que la calidad de los vinos analizados es adecuada para su consumo interno y exportación, según los niveles de Mn(II) detectados en las muestras.

La sensibilidad lograda con esta metodología es comparable a la de técnicas espectroscópicas atómicas más costosas, lo que destaca la eficacia de este enfoque sostenible y eficiente. Este método se alinea con los principios de la química verde al minimizar la generación de residuos, utilizar reactivos no tóxicos en su mayoría y emplear un instrumento relativamente económico como un espectrofluorómetro.

Este enfoque innovador abre la puerta a futuras aplicaciones en la detección de otros metales en diferentes matrices, ampliando así su potencial en el campo de la química analítica.

Capítulo 5

Referencias Bibliográficas

Almatroudi, A. (2020). Silver nanoparticles: synthesis, characterisation and biomedical applications. *Open Life Sciences, 15*(1), 819-839.

AL-Thabaiti, S. A., Al-Nowaiser, F., Obaid, A., Al-Youbi, A., & Khan, Z. (2008). Formation and characterization of surfactant stabilized silver. *Colloids and Surfaces B: Biointerfaces, 67*(2008), 230-237.

Argentina.gob.ar. (2022). *Vino argentino.* Obtenido de Argentina.gob.ar: https://www.argentina.gob.ar/pais/vino

Aschner, J. L., & Aschner, M. (2005). Nutritional aspects of manganese homeostasis. *Molecular Aspects of Medicine, 26*(4-5), 353-362.

Ashley, R. (2009). *Grapevine Nutrition- An Australian Perspective.* St Helena: Foster's Wine Estates Americas. Obtenido de https://ucanr.edu/sites/nm/files/76731.pdf

Atkins, P., & de Paula, J. (2006). The fates of electronically excited states. En *Physical Chemistry, Eighth Edition* (págs. 492-495). London: Oxford University Press.

Ayers, R. S., & Westcot, D. W. (1985). *Water quality for agriculture.* Sacramento: Food and Agriculture Organization of the United Nations.

Bagheri, A., Behbahani, M., Amini, M. M., Sadeghi, O., Taghizade, M., Baghayi, L., & Salarian, M. (2012). Simultaneous separation and determination of trace amounts of Cd(II) and Cu(II) in environmental samples using novel diphenylcarbazide modified nanoporous silica. *Talanta, 89*, 455-461.

Bagheri, S., Amini, M. M., Behbahani, M., & Rabiee, G. (2019). Low cost thiol-functionalized mesoporous silica, KIT-6-SH, as a useful adsorbent for cadmium ions removal: A study on the adsorption isotherms and kinetics of KIT-6-SH. *Microchemical Journal, 145*, 460-469.

Baly, D. L., Curry, D. L., Keen, C. L., & Hurley, L. S. (1984). Effect of Manganese Deficiency on Insulin Secretion and Carbohydrate Homeostasis in Rats. *The Journal of Nutrition, 114*(8), 1438-1446.

Barbir, R., Capjak, I., Crnković, T., Debeljak, Ž., Jurašin, D. D., Ćurlin, M., . . . Vrček, I. V. (2021). Interaction of silver nanoparticles with plasma transport proteins: A systematic study on impacts of particle size, shape and surface functionalization. *Chemico-Biological Interactions, 335*, 109364.

Behbahani, M., Akbari, A. A., Amini, M. M., & Bagheria, A. (2014). Synthesis and characterization of pyridine-functionalized magnetic mesoporous silica and its application for preconcentration and trace detection of lead and copper ions in fuel products. *Analytical Methods, 6*(21), 8785-8792.

Behbahani, M., Bagheri, S., & Amini, M. M. (2020). Developing an ultrasonic-assisted d-µ-SPE method using amine-modified hierarchical lotus leaf-like mesoporous silica sorbent for the extraction and trace detection of lamotrigine and carbamazepine in biological samples. *Microchemical Journal, 158*, 105268.

Behbahani, M., Rabiee, G., Bagheri, S., & Amini, M. M. (2022). Ultrasonic-assisted d-µ-SPE based on amine-functionalized

KCC-1 for trace detection of lead and cadmium ion by GFAAS. *Microchemical Journal, 183*, 107951.

Behbahani, M., Veisi, A., Omidi, F., Badi, M. Y., Noghrehabadi, A., Esrafili, A., & Sobhi, H. R. (2018). The conjunction of a new ultrasonic-assisted dispersive solid-phase extraction method with HPLC-DAD for the trace determination of diazinon in biological and water media. *New Journal of Chemistry, 42*(6), 4289-4296.

Bertin, E. P. (1978). *Introduction to X-Ray Spectrometric Analysis.* New York: Springer.

Carneiro, C. N., & Dias, F. d. (2021). Multiple response optimization of ultrasound-assisted procedure for multi-element determination in Brazilian wine samples by microwave-induced plasma optical emission spectrometry. *Microchemical Journal, 171*, 106857.

Cheng, G., Fa, J.-Q., Xi, Z.-M., & Zhang, Z.-W. (2015). Research on the quality of the wine grapes in corridor area of China. *Food Sci. Technol (Campinas), 35*(1), 38-44.

Coetzee, P., Jaarsveld, F. v., & Vanhaecke, F. (2014). Intraregional classification of wine via ICP-MS elemental fingerprinting. *Food Chemistry, 164*, 485-492.

Corporación Vitivinícola Argentina. (2022). *Vino Argentino Bebida Nacional.* Obtenido de Coviar: https://coviar.ar/vino-argentino-bebida-nacional/

Crocker, M. J. (1995). Sonochemistry and Sonoluminiscence. En K. S. Suslick, & L. A. Crum, *The Handbook of Acoustics* (págs. 7-11). New York: J. Wiley & Sons, Inc.

Deng, Z.-H., Zhang, A., Yang, Z.-W., Zhong, Y.-L., Mu, J., Wang, F., . . . Fang, Y.-L. (2019). A Human Health Risk Assessment of

Trace Elements Present in Chinese Wine. *Molecules, 24(2)*, 248.

Dinca, O. R., Ionete, R. E., Costinel, D., Geana, I. E., Popescu, R., Stefanescu, I., & Radu, G. L. (2016). Regional and Vintage Discrimination of Romanian Wines Based on Elemental and Isotopic Fingerprinting. *Food Analytical Methods, 9*, 2406-2417.

Đurđić, S., M. P., Trifković, J., Vukojević, V., Natić, M., Tešić, Ž., & Mutić, J. (2017). Elemental composition as a tool for the assessment of type, seasonal variability, and geographical origin of wine and its contribution to daily elemental intake. *RSC Advances, 7*, 2151-2162.

Dutra, S. V., Adami, L., Marcon, A. R., Carnieli, G. J., Roani, C. A., Spinelli, F. R., . . . Vanderlinde, R. (2011). Determination of the geographical origin of Brazilian wines by isotope and mineral analysis. *Analytical and Bioanalytical Chemistry, 401*, 1571-1576.

Ebrahimzadeh, H., & Behbahani, M. (2017). A novel lead imprinted polymer as the selective solid phase for extraction and trace detection of lead ions by flame atomic absorption spectrophotometry: Synthesis, characterization and analytical application. *Arabian Journal of Chemistry, 10*, S2499-S2508.

Farré, M. I., Pérez, S., Kantiani, L., & Barceló, D. (2008). Fate and toxicity of emerging pollutants, their metabolites and transformation products in the aquatic environment. *TrAC Trends in Analytical Chemistry, 27*(11), 991-1007.

Ghorbani-Kalhor, E., Behbahani, M., & Abolhasani, J. (2015). Application of Ion-Imprinted Polymer Nanoparticles for Selective Trace Determination of Palladium Ions in Food and

Environmental Samples with the Aid of Experimental Design Methodology. *Food Analytical Methods, 8*(7), 1746-1757.

Greger, J. L. (1999). Nutrition versus toxicology of manganese in humans: evaluation of potential biomarkers. *Neurotoxicology, 20*(2-3), 205-212.

Grupo de Innovación Docente en Operativa de Laboratorios Químicos. (2008). *Técnicas y Operaciones Avanzadas en el Laboratorio Químico.* Barcelona: Universidad de Barcelona. Obtenido de https://www.ub.edu/talq/es/node/252

Guthrie, B. E. (1975). Chromium, manganese, copper, zinc and cadmium content, of New Zealand foods. *N Z Med J, 82*(554), 418-24.

He, B., Tan, J. J., Liew, K. Y., & Liu, H. (2004). Synthesis of size controlled Ag nanoparticles. *Journal of Molecular Catalysis A, 221*(2004), 121-126.

Herrero-Latorre, C., Álvarez-Méndez, J., Barciela-García, J., García-Martín, S., & Peña-Crecente, R. (2012). Carbon nanotubes as solid-phase extraction sorbents prior to atomic spectrometric determination of metal species: A review. *Analytica Chimica Acta, 749*, 16-35.

Instituto Nacional de Vitivinicultura. (2022). *Principales datos vitivinícolas.* Obtenido de Argentina.gob.ar: https://www.argentina.gob.ar/inv/vinos/principales-datos-vitivinicolas

Joseph, C. (18 de 12 de 2021). *La vitivinicultura argentina cierra el año con producción, exportaciones y consumo en alza.* Obtenido de Télam: https://www.telam.com.ar/notas/202112/578286-vitivinicultura-produccion-exportaciones-consumo.html

Keen, C. L., Lönnerdal, B., & Hurley, L. S. (1984). Manganese. En E. Frieden, *Biochemistry of the Essential Ultratrace Elements* (págs. 89-132). New York: Plenum.

Kies, C. (1987). Manganese Bioavailability Overview. En *Nutritional Bioavailability of Manganese* (págs. 1-8). Lincoln: American Chemical Society.

Kubatova's Research Group. (2014). *Determination of LODs (limits of detection) and LOQs (limit of quantification)* . Grand Forks: University of North Dakota.

Kwakye, G. F., Paoliello, M. M., Mukhopadhyay, S., Bowman, A., & Aschner, M. (2015). Manganese-Induced Parkinsonism and Parkinson's Disease: Shared and Distinguishable Features. *Int J Environ Res Public Health, 12*(7), 7519-40.

La Pera, L., Dugo, G., Rando, R., Di Bella, G., Maisano, R., & Salvo, F. (2008). Statistical study of the influence of fungicide treatments (mancozeb, zoxamide and copper oxychloride) on heavy metal concentrations in Sicilian red wine. *Food Add Contam Part A, 25*(3), 302-313.

Lakowicz, J. R. (2006). *Principles of Fluorescence Spectroscopy.* New York: Springer.

Lytle, C., Smith, B., & McKinnon, C. (1995). Manganese accumulation along Utah roadways: a possible indication of motor vehicle exhaust pollution. *Sci Total Environ, 162*, 105-109.

Mafuné, F., Kohno, J.-y., Takeda, Y., & Kondow, T. (2000). Structure and Stability of Silver Nanoparticles in Aqueous Solution Produced by Laser Ablation. *Journal of Physical Chemistry B, 104*(35), 8333-8337.

Mikhailov, O. V., & Mikhailova, E. O. (2019). Elemental silver nanoparticles: Biosynthesis and Bioapplications. *Materials, 12*(19), 3177.

Mohagheghpour, E., Farzin, L., Ghoorchian, A., Sadjadi, S., & Abdouss, M. (2022). Selective detection of manganese(II) ions based on the fluorescence turn-on response via histidine functionalized carbon quantum dots. *Spectrochimica Acta Part A: Molecular and Biomolecular Spectroscopy, 279*, 121409.

Narayanan, K. B., & Han, S. S. (2017). Colorimetric detection of manganese(II) ions using alginate-stabilized silver nanoparticles. *Research on Chemical Intermediates, 43*(10), 5667-5674.

Naughton, D. P., & Petróczi, A. (2008). Heavy metal ions in wines: meta-analysis of target hazard quotients reveal health risks. *Chem Cent J, 2*, Article number: 22.

Neal, A. P., & Guilarte, T. R. (2013). Mechanisms of lead and manganese neurotoxicity. *Toxicology Research, 2*(2), 99-114.

Omidi, F., Behbahani, M., Bojdi, M. K., & Shahtaheri, S. J. (2015). Solid phase extraction and trace monitoring of cadmium ions in environmental water and food samples based on modified magnetic nanoporous silica. *Journal of Magnetism and Magnetic Materials, 395*, 213-220.

Pennington, J. A., Young, B. E., Wilson, D. B., Johnson, R. D., & Vanderveen, J. E. (1986). Mineral content of foods and total diets: the Selected Minerals in Foods Survey, 1982 to 1984. *J Am Diet Assoc, 86*(7), 876-92.

Pepi, S., & Vaccaro, C. (2017). Geochemical fingerprints of "Prosecco" wine based on major and trace elements. *Environmental Geochemistry and Health, 40*, 833-847.

Pozo Pérez, D. (2010). *Silver Nanoparticles.* Vukovar: InTech.

Rakhtshah, J., Shirkhanloo, H., & Mobarake, M. D. (2022). Simultaneously speciation and determination of manganese (II) and (VII) ions in water, food, and vegetable samples based on immobilization of N-acetylcysteine on multi-walled carbon nanotubes. *Food Chemistry, 389*, 133124.

Ribeiro-de-Lima, M. T., Kelly, M. T., Cabanis, M.-T., Cassanas, G., Matos, L., Pinheiro, J., & Blaise, A. (2004). Determination of iron, copper, manganese and zinc in the soils, grapes and wines of the Azores. *Journal international des sciences de la vigne et du vin, 38*(2), 109-118.

Sankar, S., Inamdar, A. I., Im, H., Lee, S., & Kim, D. Y. (2018). Template-free rapid sonochemical synthesis of spherical α-MnO_2 nanoparticles for high-energy supercapacitor electrode. *Ceramics International, 44*(14), 17514-17521.

Schneider, C. A., Rasband, W. S., & Eliceiri, K. W. (2012). NIH Image to ImageJ: 25 years of image analysis. *Nature Methods, 9*(7), 671-675.

Schramm, V. L., & Brandt, M. (1986). The manganese(II) economy of rat hepatocytes. *Federation Proceedings, 45*(12), 2817-2820.

Skoog, D. A., Holler, F. J., & Crouch, S. R. (2008). *Principios de análisis instrumental.* México: Cengage Learning.

Smoleńa, P., Sekułaa, E., & Kleszcza, K. (2017). Determination of copper, manganese and chromium in wine. *Science, Technology and Innovation, 1*(1), 35-37.

Sobhi, H. R., Mohammadzadeh, A., Behbahani, M., & Esrafili, A. (2019). Implementation of an ultrasonic assisted dispersive μ-solid phase extraction method for trace analysis of lead in aqueous and urine samples. *Microchemical Journal, 146,* 782-788.

Sondi, I., Goia, D. V., & Matijevic, E. (2003). Preparation of highly concentrated stable dispersions of uniform silver nanoparticles. *Journal of Colloid and Interface Science, 260*(1), 75-81.

Stockley, C., Paschke-Kratzin, A., Kosti, R., Teissedre, P.-L., Restani, P., Garcia Tejedor, N., . . . Molina, M. (2018). *Manganese in Vitivinicultural Products: Origin, Influence, Toxicity.* Paris: OIV publications. Obtenido de https://www.oiv.int/sites/default/files/2022-09/manganese-in-vitivinicultural-products-origin-influence-toxi_en.pdf

Sun, Y., & Xia, Y. (2002). Shape-Controlled Synthesis of Gold and Silver Nanoparticles. *Science, 298*(5601), 2176-2179.

Talebi, J., Halladj, R., & Askari, S. (2010). Sonochemical synthesis of silver nanoparticles in Y-zeolite substrate. *Journal of Materials Science , 45,* 3318-3324.

Talio, M. C., Acosta, M. G., Acosta, M., Olsina, R., & Fernández, L. P. (2015). Novel method for determination of zinc traces in beverages and water samples by solid surface fluorescence using a conventional quartz cuvette. *Food Chemistry, 175,* 151-156.

Talio, M. C., Alesso, M., Acosta, M., Wills, V. S., & Fernández, L. P. (2017). Sequential determination of nickel and cadmium in tobacco, molasses and refill solutions for e-cigarettes samples by molecular fluorescence. *Talanta, 174,* 221-227.

Talio, M. C., Luconi, M. O., & Fernández, L. P. (2011). Determination of nickel in cigarettes smoke by molecular fluorescence. *Microchemical Journal, 99*(2), 486-491.

Wang, C. C., Luconi, M. O., Masi, A. N., & Fernández, L. P. (2009). Derivatized silver nanoparticles as sensor for ultra-trace. *Talanta, 77*, 1238-1243.

Willard, H. H., L.Merritt, L., A.Dean, J., & A.Settle, F. (1991). Espectrofotometría de Fluorescencia y Fosforescencia. En *Métodos instrumentales de análisis* (págs. 193-218). México: Grupo Editorial Iberoamericana.

Xia, Y., Xiong, Y., Lim, B., & Skrabalak, S. (2008). Shape-Controlled Synthesis of Metal Nanocrystals: Simple Chemistry Meets Complex Physics? *Angewandte Chemie International Edition, 48*(1), 60-103.

Printed by Books on Demand GmbH, Norderstedt / Germany